U0237515

中国国家公园丛书

TIANBIAN

天边

-三 江 源-

王剑冰 著

中国林業出版社
China Forestry Publishing House

出版人

刘东黎

策划

纪亮

编辑

何增明　孙瑶　盛春玲

张衍辉　袁理

总序

一

我国于2013年提出“建立国家公园体制”，并于2015年开始设立了三江源、东北虎豹、大熊猫、祁连山、海南热带雨林、武夷山、神农架、香格里拉普达措、钱江源、南山10处国家公园体制试点，涉及青海、吉林、黑龙江、四川、陕西、甘肃、湖北、福建、浙江、湖南、云南、海南12个省，总面积超过22万平方公里。2021年我国将正式设立一批国家公园，中国的国家公园建设事业从此全面浮出历史地表。

国家公园不同于一般意义上的自然保护区，更不是一般的旅游景区，其设立的初心，是要保护自然生态系统的原真性和完整性，同时为与其环境和文化相和谐的精神、科学、教育和游憩活动提供基本依托。作为原初宏大宁静的自然空间，它被国家所“编排和设定”，也只有国家才能对如此大尺度甚至跨行政区的空间进行有效规划与管理。1872年，美国建立了世界上第一个国家公园——黄石国家公园。经过一个多世纪的发展，国家公园独特的组织建制和丰富的科学内涵，被世界高度认可。而自然与文化的结合，也成为国家公园建设与可持续发展的关键。

在自然保护方面，国家公园以保护具有国家代表性的自然生态系统为目标，是自然生态系统最重要、自然景观最独特、自然遗产最精华、生物多样性最富集的部分，保护范围大，生态过程完整，具有全球价值、国家象征，国民认同度高。

与此同时，国家公园也在文化、教育、生态学、美学和科研领域凸显杰出的价值。

在文化的意义上，国家公园与一般性风景保护区、营利性公园有着重大的区别，它是民族优秀文化的弘扬之地，是国家主流价值观的呈现之所，也体现着特有的文化功能。举例而言，英国的高地沼泽景观、日本国立公园保留的古寺庙、澳大利亚保护的作为淘金浪潮遗迹的矿坑国家公园等，很多最初都是传统的自然景观保护区，或是重点物种保护区以及科学生态区，后来因为文化认同、文化景观意义的加深，衍生出游憩、教育、文化等多种功能。

英国1949年颁布《国家公园和乡村土地使用法案》，将具有代表性风景或动植物群落的地区划分为国家公园时，曾有这样的认识："几百年来，英国乡村为我们揭示了天堂可能有的样子……英格兰的乡村不但是地区的珍宝之一，也是我们国家身份的重要组成。"国家公园就像天然的博物馆，展示出最富魅力的英国自然景观和人文特色。在新大陆上，美国和加拿大的国家公园，其文化意义更不待言，在摆脱对欧洲文化之依附、克服立国根基粗劣自卑这一方面，几乎起到了决定性的力量。从某种程度上来说，当地对国家公园的文化需求，甚至超过环境需求——寻求独特的民族身份，是隐含在景观保护后面最原始的推动力。

再者，诸如保护土著文化、支持环境教育与娱乐、保护相关地域重要景观等方面，国家公园都当仁不让地成为自然和文化兼容的科研、教育、娱乐、保护的综合基地。在不算太长的发展历程中，国家公园寻求着适合本国发展的途径和模式，但无论是自然景观为主还是人文景观为主的国家公园均有这样的共同点：唯有自然与文化紧密结合，才能可持续发展。

具体到中国的国家公园体制建设，同样是我国自然与文化遗产资源管理模式的重大改革，事关中国的生态文明建设大局。尽管中国的国家公园起步不久，但相关的文学书写、文化研究、科普出版，也应该同时起步。本丛书是《自然书馆》大系之第一种，作为一个关于中国国家公园的新概念读本，以10个国家公园体制试点为基点，努力挖掘、梳理具有典型性和代表性的相关区域的自然与文化。12位作者用丰富的历史资料、清晰珍贵的图像、深入的思考与探查、各具特点的叙述方式，向读者生动展现了10个中国国家公园的根脉、深境与未来。

二

地理学家段义孚曾敏锐地指出，从本源的意义上来讲，风景或环境的内在，本就是文化的建构。因为风景与环境呈现出人与自然（地理）关系的种种形态，即使再荒远的野地，也是人性深处的映射，沙漠、雨林，甚至天空、狂风暴雨，无不在显示、映现、投射着人的活动和欲望，人的思想与社会关系。比如，人类本性之中，也有“孤独和蔓生的荒野”；人们也经常会用“幽林”“苦寒”“崇山”“惊雷”“幽冥未知”之类结合情感暗示的词汇来描绘自然。

因此，国家公园不仅是“荒野”，也不仅是自然荒野的庇护者，而是一种“赋予了意义的自然”。它的背后，是一种较之自然荒野更宽广、更深沉、更能够回应某些人性深层需求的情感。很多国家公园所处区域的地方性知识体系，也正是基于对自然的理性和深厚情感而生成的，是良性本土文化、民间认知的重要载体。我们据此确立了本丛书的编写原则，那就是：“一个国家公园微观的自然、历史、人文空间，以及对此空间个性化的文学建构与思想感知。”也是在这个意义上，我们鼓励作者的自主方向、个性化发挥，尊重创新特性和创作规律，不求面面俱到和过于刻意规范。

约翰·赖特早在20世纪初期就曾说过，对地缘的认知常常伴随着主体想象的编织，地理的表征受到主体偏好与选择的影响，从而呈现着书写者主观的丰富幻想，即以自然文学的特性而论，那就是既有相应的高度、胸怀和宏大视野，又要目光向下，西方博物学领域的专家学者，笔下也多是动物、植物、农民、牧民、土地、生灵等，是经由探查和吟咏而生成的自然观览文本。

所以，在写作文风上，鉴于国家公园与以往的自然保护区等模式不同，我们倡导一种与此相应的、田野笔记加博物学的研究方式和书写方式，观察、研究与思考国家公园里的野生动物、珍稀植物，在国家公园区域内发生的现实与历史的事件，以及具有地理学、考古学、历史学、民族学、人类学和其他学术价值的一切。

我们在集体讨论中，也明确了应当采取行走笔记的叙述方式，超越闭门造车式的书斋学术，同时也认为，可以用较大的篇幅，去挖掘描绘每个国家公园所在地区的田野、土地、历史、物候、农事、游猎与征战，这些均指向背后美学性的观察与书写主体，加上富有趣味的叙述风格，可使本丛书避免晦涩和粗浅的同类亚学术著作的通病，用不同的艺术手法，从不同方面展示中国国家公园建设的文化生态和景观。

三

我们不追求宏大的叙事风格，而是尽量通过区域的、个案的、具体事件的研究与创作，表达出个性化的感知与思想。法国著名文学批评家布朗肖指出，一位好的写作者，应当“体验深度的生存空间，在文学空间的体验中沉入生存的渊薮之中，展示生存空间的幽深境界”。从某种意义上来说，本书系的写作，已不仅关乎国家公园的写作，更成为一系列地域认知与生命情境的表征。有关国家公园的行走、考察、论述、演绎，因事件、风景、体验、信念、行动所体现的叙述情境，如是等等，都未做过多的限定，以期博采众长、兼收并蓄，使地理空间得以与“诗意栖居”产生更为紧密的关联。

现在，我们把这些弥足珍贵的探索和思考，用丛书出版的形式呈现，是一件有益当今、惠及后世的文化建设工作，也是十分必要和及时的。“国家公园”正在日益成为一门具有知识交叉性、系统性、整体性的学问，目前在国内，相关的著作极少，在研究深度上，在可读性上，基本上处于一个初期阶段，有待进一步拓展和增强。我们进行了一些基础性的工作，也许只能算作是一些小小的“点”，但“面”的工作总是从“点”开始的，因而，这套丛书的出版，某种意义上就具有开拓性。

“自然更像是接近寺庙的一棵孤立别致的树木或是小松柏，而非整个森林，当然更不可能是厚密和生长紊乱的热带丛林。”（段义孚）

我们这一套丛书，是方兴未艾的国家公园建设事业中一丛别致的小小的剪影。比较自信的一点是，在不断校正编写思路的写作过程中，对于国家公园自然与文化景观的书写与再现，不是被动的守恒过程，而是意义的重新生成。因为“历史变化就是系统内固定元素之间逐渐的重新组合和重新排列：没有任何事物消失，它们仅仅由于改变了与其他元素的关系而改变了形状”（特雷·伊格尔顿《二十世纪西方文学理论》）。相信我们的写作，提供了某种美学与视觉期待的模式，将历史与现实的内容变得更加清晰，同时也强化了“国家公园”中某些本真性的因素。

丛书既有每个国家公园的个性，又有着自然写作的共性，每部作品直观、赏心悦目地展示一个国家公园的整体性、多样性和博大精深的形态，各自的风格、要素、源流及精神形态尽在其中。整套丛书合在一起，能初步展示中国国家公园的多重魅力，中国山泽川流的精魂，生灵世界的勃勃生机，可使人在尺幅之间，详览中国国家公园之精要。期待这套丛书能够成为中国国家公园一幅别致的文化地图，同时能在新的起点上，起到特定的文化传播与承前启后的作用。

是为序。

刘东黎

2021 年 6 月

目 录

带　你　去　飞

天达

一

一只鹰在空中划着。

它一忽划向左，一忽划向右，一忽又上下翻转，深长地回旋。看着时，感觉是倒映在天上的冰上圆舞曲。

极辽阔、极高寒的天空，再没有其他飞行者，只有鹰，在享受着这种自由与自在。

鹰的视觉敏锐，“孤飞一片雪，百里见秋毫”，在空中，没有什么能比鹰看得更远了。那么，鹰就是三江源国家公园空中的巡视者。

在这青藏高原腹地的青海南部，被誉为“中华水塔”、平均海拔接近4000米的三江源国家公园，完全是一派空气清新、景色迷人的地质奇观，被称为长江、黄河与澜沧江源头的汇水区。

我无法完成对这片雪域的描述，它实在是太辽阔，辽阔到无边无际；它实在是太神秘，神秘到无以言说。

驾着先进的越野车跑了几天，仍然不能将三江源区看尽，而鹰却可一目了然。在三江源区的各个地域，都能见到鹰的踪影，渐渐地，便有了一种亲近感。

鹰的羽翅扯出一幅雄浑壮丽的画卷：远处的雪山向这里仰望，四围的冰川向这里集结，大团的云朵向这里飞奔……

二

历史告诉我们，青藏高原曾经是一片波涛汹涌的海洋。这片海域横贯现在欧亚大陆的南部地区，被称为“特提斯海”。特提斯海气候温暖，成为海洋动植物发育繁盛的地域。

时间到了2.4亿年前，由于地球板块运动，分离出来的印度板块以较快的速度向北移动、挤压，使其北部发生了强烈的褶皱断裂和抬升，并促使昆仑和可可西里地区隆生为陆地。

距今8000万年前，印度板块继续向北漂移，又一次引起了强烈的地球构造运动。冈底斯山、念青唐古拉山急剧上升，藏北地区和部分藏南地区也脱离海洋成为陆地。

距今1万年前，高原抬升速度更快，以平均每年7厘米的速度上升，逐渐上升为当今地球上的“世界屋脊”。

青藏高原的周围有许多山脉，它们大多呈现出从西北向东南的走向。那些山脉中有很多

（三江源国家公园管理局供图）

冰川、高山湖泊和高山沼泽。

现在，这只鹰飞到了这片区域的雪峰之上。

这里有昆仑山、唐古拉山等无数雪山冰川，总面积833.4平方千米。在这些冰川下，该会伸展出多少细流？那真的是无以计数。那些细流终究要汇在一起，汇成大波大浪，汇成长江黄河。

阳光将它的辉光覆盖上去，竟然觉得那辉光已然变得冷峻无比，同这片区域融为了一体。照在上面，无非是表示自己的关照。尽管那关照显得毫无意义。

冰山的尖利的牙齿刺破一块块云彩。实际上，云在这里已不能称为云彩，它没有了色彩，只有灰冷的色调，一块块、一片片地飘浮在这些牙齿间。指不定哪一块飘浮得过低，就会瞬间被刺穿或者撕烂。撕烂的云便成为一堆乱絮，挂在那里，缠在那里，然后变成顽固不化的冰坨。这些冰坨当然不是由此产生，它们或来自更高更厚的云团。

鹰的翅膀正在划过一座高峰，那高峰有一股不服遮盖的气势，即使在一片冰雪世界里，也遗世独立。高峰下有着众多的湖泊，面积大于1平方千米的就有167个。而且还分布着各种各样的湿地，总面积达29842.8平方千米。

鹰知道，在这样的地方生长，只能一次次划过这些雪山冰峰，划过河流与湖泊，这是它的特长，也是它的必须。

三

如果鹰环绕着这个国家公园飞上一圈，就

会囊括12.31万平方千米的超大面积。这一圈，占三江源地区的31.16%。

三江源国家公园涉及青海省果洛藏族自治州和玉树藏族自治州的曲麻莱、治多、玛多、杂多四县和可可西里自然保护区管辖区域，共12个乡镇。别看所属乡镇不多，却是地域广大。鹰眼能够发现，其相当于整个福建的陆地面积。

如果愿意，鹰可以从玉树开始，沿着唐古拉山脉，一直划下去，划过层层叠叠的冰川雪线，划过从不同走向流出来的澜沧江、长江与黄河的源头，去看它们分别流向了哪里，形成了各自怎样的湿地与湖泊，怎样的城区与村庄，并且看到分布在大河周边的牛群与羊群，看到数不尽的白色或黑色的藏包。

鹰见证了三江源国家公园的圈定与设置，也见证了国家公园的治理与规范。它更能清楚这个公园内每天都在发生什么，哪怕是一处小小的冰爆，一块小小的塌方。

如果要选一个三江源国家公园的空间代言，非鹰莫属。

哈　达　飞　扬

一

在三江源区，处处能感受到那种诚挚的热情，时时能接受到那代表着真诚祈愿的洁白哈达。我知道，哈达蕴含着真挚而朴实的情谊，在人们心中至高无上，是高原人世代相传的礼仪往来之物，是人们纯净心灵与纯朴情感的具体体现。

在高原的风中，哈达戴在胸前，如白鸽抖翅，让人有无尽的想象、无限的向往与迷恋。

我后来发现，哈达还有纯蓝或绚黄颜色，而且还有红、白、黄、蓝、绿的五彩哈达。白色是白云，蓝色是蓝天，黄色是大地，绿色是江河，红色是空间护法神。有说五彩哈达是菩萨的服装，只在特定的情况下才用。也就看出，无论什么颜色，哈达表达的意思是一样的，那就是圣洁、崇敬、忠诚、完美与祝福。在民间，哈达还被说成是仙女的飘带。在人们的交往中，哈达是最为珍贵的礼物，只要他双手捧着敬献与你，那就是将人间最好的表达给了你。

在这样的圣洁之地，我会将山峡中的蓝天，将天地间飘过的一块白云，将草地上一群奔跑的绵羊，甚而一条悠长的水流，一道曲折的山路，一处洁白的瀑布，一峰凝净的冰川，都视作飘然的哈达，那是大自然的给予，是人们美好理想的起源。

二

我记不清多少次走过长江、走过澜沧江。

我生活在黄河岸边，我知道，那些澎湃，那些漫漶都与三江源有关。有诗人说，“大江东去，浪淘尽，千古风流人物。”有诗人说，“黄河之水天上来，奔流到海不复回。”有哲人说，“不积跬步，无以至千里，不积细流，无以成江河。”或也同三江源有关。三江源的河是母亲河的少女阶段或者说幼女阶段，它冰清玉洁、纯净天然、自由舒缓，没有那么多的约束和承载。三江源是仙界，是神域；是诗人，是哲人。

对于雪山下的源头，我始终有一种朝拜心理。是的，我是朝拜来了。我最近有着严重的颈椎病，那是我一直低头的缘故，我觉得我到了三江源，我的颈椎病会好一些，因为这里处处是让我们仰望的。

（三江源国家公园管理局供图）

三

从玉树结古出发，向西行进，路上经过隆宝滩自然湿地，那是大片的湖水与沼泽组成的绿意盎然的国家级自然保护区。各种鸟类，就像幼儿园里的孩子，在叽喳闹嚷。

再往前仍然是一派草原盛景。即使是偶尔下起了细雨，也让人感到十分的舒服，忘记这里已经是海拔3000多米，很快就将进入4000米甚至更高的地域，也就进入了一片雪白的世界。

终于盘到了谷底，而后再往另一座山上盘，最后渐渐下山了，雪也随着海拔的降低而不得已远去。六月的雪，只是在高海拔的区域逡巡，那是它的领地。回首望去，恐惧依然。

转出这片山体的时候，看到了一片辽阔的

空域，那是大片的草原，草原上镶嵌一条蜿蜒的没有尽头的小路。小路如一条拉链，将一块绿色的大幕拉开了。

四

贡嘎寺同草原形成了十分强烈的对比。

贡嘎寺遗址被誉为三江源头的“古格废墟”。寂静、残破的墙垣和一格格的间舍，诉说它曾经的辉煌。远在公元12世纪，也就是800年前，拨戍达玛旺秀的心传弟子，秋杰次成帮巴在当地巴热部落头人羊圈里创建了贡嘎寺。那是一大片建筑群，重重叠叠面对着一片大草原。那是多么心旷神怡的一个静宇。到了公元15世纪，五世达赖昂旺洛松嘉措经过此地，将寺院改为格鲁派寺院，就此一直是影响十分宏大的寺院。

可惜贡嘎寺老得不成样子了，老成了一片废墟。不知道深切的原因，或者即使知道也没有人细说。后来，人们还是怀念着贡嘎寺，他们带着敬仰，将新的贡嘎寺建在了距治多县城13千米的阿尼尕保山南坡下，背靠大鹏一般的诺布玉则山，远远看去，那山形简直就是一座风水极好的椅子背，面朝的东南方是一片更为广阔的墨绿草原。

后来我们去了新寺院，寺庙占地4亩多，比老寺院规模更加宏大。寺内存有大量的《甘珠儿》《丹珠尔》等佛经，以及明代的文物，还有珍贵的《中观应成论》，是国内仅存的黑毡纸金墨佛经。更加让人惊心的，是寺内宗喀巴铜制镀金佛像，那是世界上最高的室内铜质镀金佛像，也是目前格鲁派寺院内所供奉的最大的宗喀巴大师室内铜像。2008年竣工后，它上了上海大世界吉尼斯纪录。

五

藏区多寺庙，距贡嘎寺旧址不远的是夏日寺。夏日寺周围是一片原始松林，同贡嘎寺遗址一样，坐在高大的南山怀抱里。这个时候，竟然听见了鸟的叫唤，那般清脆，久违的清脆，让人想到中原的麦收。是的，这个时候应该是中原最忙碌的。此时此地却像在仙境，鸟儿越叫，越显得静寂。

原来是喜鹊。叫声传上去，一直越过了山峰，云在峰中缠绕着，却又将喜鹊的飞翔透视在上面。穿着紫红袍子的僧人三三两两地在白塔前后走过，像一幅画，映照在阳光中。

离别寺庙，再往前，翻过一个又一个陡坡，就像是在折叠一个几何图形。拐弯处，车子都经过了打滑、沉陷的艰难，最后爬上了一座山峰。

六

车子在通天河边蜿蜒行驶，不知道会走多远才能到达目的地。

奔涌的通天河在这一带山谷中，有时会被挤成窄窄的一道水，峡谷中显得幽深无比，从上面望着被车子碾压下去的石块，真可说是触目惊心。而到了宽阔处，却猛然变得敞亮起来，太阳也从遮挡的大山后面透出头脸，在河谷间舒展自己的腰身。河谷间有些地方还长出了植物，让你觉得像是中原的河流。

在通天河边的峭壁间行车，最怕对面来车，老远就鸣笛，找地方避险躲让。两车相会时，都露出友好的微笑。当然，这样的时候不多，因为你很难遇到什么车子，遇到的车子还没有牛羊多。一旦牛羊占据了道路，那就慢慢等着它们过完吧。它们要去有草的地方，或者有家的地方。

想象着一股水流成通天河，在这一段，不知要进行怎样的摸索，怎样的冲撞，才能在千山万壑中找寻到百折不回的奔涌。

七

参加一个古老的仪式，复杂的藏族仪式多与寺庙结合在一起，有寺庙里的僧侣唱主角。

（三江源国家公园管理局供图）

众多的牧民围坐在那里。他们都怀着虔诚，当然也怀着好奇，带着家人走很远的路，尽情地加入这种难得的节日。男男女女，有的席地而坐，有的站着。

年轻的女人多是带着孩子来，还有的抱着孩子跟男人挤在人群里，男人却是不管那个孩子的，女人抱着看着，不时地给孩子喂奶。也就想到，那些男人平时是要出去辛苦的，女人的事情就是孩子。有的女人会带着两三个孩子，那就十分劳心了，顾了这个还要顾那个。孩子呢，都是随便地吃着东西。这样看着，就看出了一个完全自然的生活状态。

我从黑帐篷里出来，我喜欢在这个时候去抓拍一些画面。我随意地在人群里走，看到的都是祥和的景象。那一个个家庭，一个个青年，一个个老人，一对对情侣，都是很少大声地说话，更不要说吵闹、叫喊。他们如何都有那么好的修养，穿着那么干净的衣裳？似乎这样的节日同每一位都关系密切。

八

这是我们此行的第一次露天宿营，在条件十分艰苦的地方。

选取的地点已经相对比较平整，但是躺在里面，仍然感到身下的起伏不平，觉得是在一个个小火山口上。这是一个什么地方？周围全是起伏的山峰，下面是斜坡，斜坡下面，第二天才知道，是奔腾不已的河流。

躺在那里，能够听到外面的风声，半夜里甚至听到了沙粒扑打帐篷的声音。伸出手去摸自己的左边，身下的褥子潮乎乎的。实际上身上的睡袋也是潮乎乎的，只是因为穿着厚厚的衣服，感觉不到而已。醒了想上厕所，没有胆量出去。

天终于亮了，童话似的。觉得这里的天不会亮，竟然也亮了。

早起爬起来，刚一钻出帐篷就呆住了：对面不远的雪山，昨晚只是上半段白，现在和大地白在了一起，将整个世界放大。

九

嘎嘉洛草原正举行盛大的祭祀仪式，上百位僧人身披红色的袈裟，围坐在银湖边祈祷。那是一片色彩的光芒，水边映射着典雅与圣洁。天上忽雨忽晴，阳光忽隐忽现，云团腾舞，山色凝寒，湖水清澈，绿草蓬茸。

祭祀开始了，人们围拢在一个氛围中，旁边是巨大的雪山般威严的五色经幡。有人在炉中点燃了松火，白色的香烟浓烈地升腾，紧接着是无数管长号抑扬而起，音声辽远而沉郁。经声恰在此时响起，那是无数僧侣发出的低沉的吼音，如山谷轰鸣，沉雷滚动。现场的气氛一时间变得十分庄重，所有嘈杂都被这气氛所震慑，所覆盖。

牧民围坐在山头，虔诚地参与其中。他们本来散落在各处藏包，从治多的四面八方赶到这里。嘎嘉洛草原一时显得人多起来，老人孩童，男人女人，那么大的一片。尤其是姑娘和年轻的汉子，能够看得出来，都是刻意地装扮了的，把最好的衣服穿在身上，挎着豪华的腰

（三江源国家公园管理局供图）

刀，戴着贵重的饰物。他们的出现，使这场面更显隆重。

松枝还在不断添加在白色的香炉中，烟尘升腾得更高。长号再次响起。

僧侣们绕行了珠姆温泉后，开始绕行白海螺湖，一百位穿着艳丽服装的美丽女子，手捧哈达跟随其后，形成了一支长长的队列。这里的人是与水、与圣洁最近的人。他们最理解水，最懂得水，把水奉为一种神灵。

阳光从山上照过来，落在逶迤的队列中。湖水蓝得出奇，手捧哈达的女子的倩影倒映在水中，让人想到，那些女子是珠姆的化身。

群峰连绵围绕成了一圈。我知道那都是海拔在5000米以上的雪山，雪山下面的盛大活动，代表了水源地人们的某种心声。他们在祭水，为水而祈祷，为水而唱鸣。这里不缺水，但是他们还是要发出一种声音，一种充满绿色的声音。

从高处望去，山原中一条干净的水依偎着远去。它必是不想走得太快，带有一种依依的情怀，不停地绕来绕去，有时还会绕回来，像一条手臂紧搂着山祖源宗。

十

在帐篷和藏包的聚居区，人们似乎已经进入了生活。有的开始从溪中起水做饭，有的在漂洗衣衫，有的要将头发再整一下，晚上可能还有重大的活动。

孩子们则还在水中戏耍，没有要出去的意思。大人们也没有人去吵嚷，说山水太凉，要生病什么的。

由于帐篷的色彩和光线的作用，我看到一处十分艳丽的景致，拍下来后发现像一幅油画。

几个穿红衣的喇嘛，正在插一面看不明白的旗帜，旗帜很高，似乎也很厚实，可能做的时候并不是为了让它凌风飞舞。

开始是一个人干这事，但他使了很大的力气，也没有将那旗插进土里，就又来了几个壮汉。说壮那是一点都不夸张，他们真的是又高又壮，铁塔一般。他们共用了一个奇大无比的帐篷，四方形的，里边足可以睡二十个人。为什么这时要升起那杆旗帜，是刚来，还是要在接近晚间升起？

旗帜终于竖起来了，那是红、蓝、黄、

绿、白的五种色块的旗，同天空和远山映在一起，显得格外出彩。

牦牛和马匹都已经回来，这时正在溪水中或泡澡或畅饮。人们没有因为牲口的介入而停止对水的利用，实际上那水是以极快的速度流逝的，根本不用考虑谁的一个行为就使水改变成分。

十一

赛马作为藏民族传统娱乐活动，可以追溯到吐蕃时期。在有些古老的壁画上，就雕刻着骏马争驰的场景。

每次赛马会上，还会有赛牦牛、摔跤、马术、射箭、射击的表演，从而构成了方圆数百里的喜庆节日。青海、云南、四川的藏民族也要赶来加入其中。

这天晨起，人们早早走出暖和的帐篷和藏包，来到山溪边梳洗打理，埋锅做饭，将自己箱底的行头穿戴一新，而后或相约着或独自走向那个期盼已久的场地。

还有更远的，夜半就开始翻山越岭，披一身寒露，在山道上逶迤而来。

高原人没有见过海，但知道海是多么的大，所以他们会把大的草场称为海，会把大的湖叫成海。现在，他们要看人的海。

他们要看看那马与自己的马有什么不同，看看那个马上的人儿，是何样的彪悍，何样的勇敢，何样的带有草原男人的魅力。不光女子们要看，男人们也要看。那是自己的偶像，是雪山的影像，是草原的形象。

早来的自然会占据好的位置，所以你看到早来的还真不少，其中不乏老人和孩童。没有人吵闹，没有谁拥挤，一切都是随性随心。草原人聚在一起不容易，草原人平时都说话少，安静是他们的习惯。只有某个时候，他们才会大声地吼一吼、唱一唱。

赛马先以煨桑揭开帷幕，这种燃柏煨桑的敬神祭祀形式是藏族古老的习俗。每当迎敌出征，都要以煨桑形式祭祀神山及战神，祈求保佑。煨桑的汉子背负杈子枪、腰挎长刀，做着各种粗犷的动作，给赛马会增添了几分庄重与神圣。

十二

山在近处像一道屏障，将夜遮挡得更显晦

暗，草在风中悠扬，没有拴绳子的马在四处游荡。篝火小了，又大了。

山溪还像白天一样地流着，不知要流到哪里去，偶尔让哪块石头绊一下，会发出一阵响声，就像哪个女子被男人偷偷使了一个坏的嗔怪。但这都不足以影响到高原的大气。

那天是露宿在大山之间了，许多不走的人都扎起了帐篷，一个挨着一个，方的圆的，大的小的，黑的白的，很像一个大家庭的聚会。在一条河流的边上，听着河水，蛮有意味。

我们的人分睡在两处，能看出来，大家有熟悉的，有不熟悉的。大家随便将就一个晚上，也就男男女女的挤在一起。

吃饭也是热闹得很，有好几个吃饭点，你去哪里都行，到那里随便取一个快餐盒子，然后让人盛上喜欢的饭菜，找个地方或蹲或坐，吃饱即可。

周围有长不高的野树棵子，可以行方便之事。

等一切都静下来，我看着一轮明月，别样地清纯透亮。它从雪山借来更多的光芒，尽情地将这片神秘照亮。

望着静静的月亮，一切都如一个梦境。仔细听的时候，还能听到通天河的喘息声。

从格拉丹东来的冰水，正愉悦地日夜兼程。

第二天，我早早醒了，直接来到了河边。看到藏家女人在河边提水、洗涮、洗菜，一定是为大家的早餐忙碌。水是很凉的，这些勤劳的藏家妇女，真的是可亲可敬。她们有的还很年轻，瘦瘦的腰身，一下子就提起来一桶水，一直提到帐篷那里。这么多人，得多么大的用水量？也就不断地见到往来提水的女人。洗菜的也是，一篓子的菜，洗完了又有人来洗。

河水流得很快。人们渐渐起来，河边很快就排满了洗洗涮涮的人。

一道道白色的炊烟升起来，给这深山增加了生气。

十三

在杂多去往长江南源当曲的的路上，好不容易发现了一户牧民。

这样可以有一杯热乎的酥油茶，来解决一下午饭的问题。下车后，我们首先看到的是两个孩子，姐姐大约五六岁，弟弟也就两三岁。这两个孩子正在接水。他们在一个山泉前，用勺子往五升容量的塑料桶里灌水。两个孩子穿的都不多，弟弟吸溜着鼻涕，不住地看我们。

大家说这两个孩子真好看，姐姐还穿着藏式的小裙子。有人上来给他们照相。连欧沙都加入进来。这两个孩子被众人要求着：别动别动，好，就这样。就这样，好，可以舀水了。对，往桶里舀水。

而后姐姐提着装满的桶艰难地往上走，那只桶甚至有些拖地。弟弟跟在后面，姐姐不时地回头看看弟弟。我起先以为姐弟两个在玩水，后来才知道是帮着大人在干活。因为两个大人此刻正在屋棚里忙活。

一会儿，主人便提着烟火熏黑的奶壶挨个儿倒茶。索尼他们拿来了团队自己准备的干

（三江源国家公园管理局供图）

粮，大家就着主人家的热茶简单地吃着午餐。这个时候，姐弟两个从另一间屋子门口露出头来，看着桌上的食物。

有人要拿给他们一块，被他们的父亲给说得缩了回去。但是我们坚持让他们接住，他们才吃起来。那个小姐姐提过来的水，被母亲倒在空了的茶壶里。

这是江源路上少见的一户人家，让人想到，无论谁从这里过，都会到这户人家里歇歇脚，喝口热茶，甚至还会借宿一晚。而他们，就是这样，笑着给你倒上奶茶，并不说多少话语。两个孩子，也就常常冒着滑倒的危险，迎着寒风到50米远的地方去提水。

十四

行走的路上，到处可以见到飞扬的经幡，高垒的玛尼堆，见到手持转经筒的人，从容地站在天地间。

有时，天地间会出现牦牛。

随着车子的前移，那些牦牛越来越鲜明地映在了画布上。是的，画布的色彩在改变，已经出现了大幅的绿色，这是化雪的结果。绿色的出现，使得画面更加生动，而这些牦牛，是生动的生动。

有牦牛，便有藏包。一两个零落的藏包如升出地面的蘑菇，升出鼓鼓的生气。看那缭绕的炊烟和炊烟下的狗，就让人想到有一个女主人在里面，打着酥油茶，享受着快乐的时光。

这是少有的不扎辫子的女孩，也许她是刚

刚起来，外出正要做一件什么事情，她此时一定是觉得很有意思的。有人对她产生了兴趣，或者对她生活的环境产生了兴趣，那么就拍吧，随便你拍去。女孩的目光里是那种毫无杂质的雪野，任什么一见到这雪野，都会虔诚起来。

一位老者站在阳光里，他的上身是光着的，上身的衣物全部落在了腰上，这是一件经过无数风霜的藏袍，一件牛皮尖帽戴在头上，手里拄着一根长长的拐杖，这些都增加了老者的气象。老人的骨肉露了出来，那是健康的骨肉，我很少见到藏民们如此裸露的，也许是老者正在晒太阳，也许是应着摄影师的要求，果敢地来一回潇洒，不管怎样，都是一种健康的展示，健康的阳光、健康的表情、健康的身板。一些牧业工具凌乱地挂在墙上，挂在墙上的还有一顶牛皮帽子，时刻等待着主人的需要。两只木桶闪烁出油亮的包浆。这位生活在高原的老者，让人一见就觉得亲切。

十五

去澜沧江源的路，遥远而迷茫，厚重的云层很低，有时是雨，有时是雪，让人感到天地的孤独与艰难。

遇到一位骑着摩托车的牧民，他的身后竟然带着两个小女孩，欧沙在听他指点着路径。其他人却被两个小女孩所吸引，她们都穿着藏式长衫，很薄，也很旧。大的有四五岁，小的也就两三岁。高原的风吹皱了孩子的脸和脸上两块高原红。

阿琼上前问着孩子的名字和年龄，回来告诉我们说一个已经8岁，小的也5岁了。而且他们不是女孩，是男孩。

阿琼从车里取出一些零食，塞给两个孩子，孩子却不敢接。阿琼她们几乎是含泪塞给了他们。汉子骑摩托带着孩子走了，看着他们的身影，不免唏嘘。他们穿得太少，摩托车带起的风会更冷。漫漫长路，他们要去哪里？

十六

我们的车子走得很漫长，走得也很单调，不是无边无际的戈壁，就是无边无际的草原，或是无边无际的山谷。雪山一忽在远方，一忽在眼前，天气一忽晴朗，一忽飘着雨雪。那么，偶尔看到一座白色的藏包，看到藏包前的人，而且还是生动的女人，心情一下子就会好起来。尤其是黄昏时分，那景色就更是迷人。真的，那是茫茫原野最亮丽的景致。

在路上经常会见到取水的藏女。说是经常，是因为很少见到男人做这件事情。

那一定是经过了漫长的旅途，远远的偶尔的一座藏包，然后是取水的女子。凡是在水的近处，才会有藏包。也可以这样说，凡是有藏包的地方，不远一定有一条水。那水流大或者不大，都是十分的清澈。三江源区的水，没有不清澈的，除非上游下了雨，但那也是暂时的。

取水的女人让人看出好的身板，背着或提着水桶的样子很是好看，那就是一幅画。

藏包冒着炊烟，藏包前有玩耍的孩子，还

有藏獒。女人从河边提着桶远远地走来，那路是有些坡度的，她半弯着身子，长长的袍子拖在地上，将她颀长的身子衬得秀美。男人一定放牧去了，男人走到哪里，都带着藏包，带着女人，实际上是带着一个家。有了家，才更温暖、更潇洒。男人就再没有什么不放心的了，早早地出去，只要晚上回来，看到冒着炊烟的藏包，心就无比的安妥。

十七

往西边走的路上，渐渐出现了草场，同昨天走的戈壁完全不同。草场越来越绿，绿一直围到山边，成了大山好看的围裙。围裙上散落着大片的牦牛和跑来跑去的藏獒。一道浅水，弯弯曲曲构成好看的裙边。

（三江源国家公园管理局供图）

临近中午，晴空越发高远，白云就像肥壮的羊群，从天边拥挤而来，渐渐被挤成马奶子葡萄，一嘟噜一串，透出晶莹的青。

远处的山峰，山顶还是白的，如洁白的藏包。

阳光如花，在云间打开，原野罩上一层琥珀的辉芒。

道路越来越好，有一种省道的感觉。但是路上还是不见什么车子，偶尔会有一辆藏民的摩托迎面而来。

车子左边一汪湖水，湖边两匹马，一大一小，悠闲地吃草，小马不时跑到大马身边，大马慈祥地回头，像一对亲密母子。

看到了藏包，一个或者两个，在眼前闪过。还看到一座能盛下很多人的长方形帐篷，拉扯帐篷的绳子上，挂着彩色的风马，尤其与众不同。一个小女孩从里面出来，到沟边打水，一个男孩紧跟着出来，他们的服装都很整齐。

哪里响起一个脆亮的嗓音，悠悠地在草原上荡漾：

啊，蓝天白云——

我的家……

十八

看到一股涓涓细流，这条细流没有规则，它流动得像一首自由体的诗篇。有的地方延展而去，分出几多岔，然后在哪里又并入一起。

冰川滴下的水滴不时地供养着这水流。当然，一路上还会有更多的冰滴和雪水加入，让水流一点点变深、变宽，直到形成汹涌奔腾的江河。

长江的作用越到中下游越明显，诸多发展兴旺的城市都聚集在长江两岸。由于水流的冲积，每年都生长着平野良田，在长江下游，冲积出的20多万平方千米的广大地域，是人口最密集、经济最发达的地区。

我们的祖先在江河两岸开垦出最早的土地，他们繁衍生息，孕育出人类最早的文明。

我看到一股细流，我知道这股细流连接千万里的伟大长江。

滴 水 成 就 江 河 湖 海

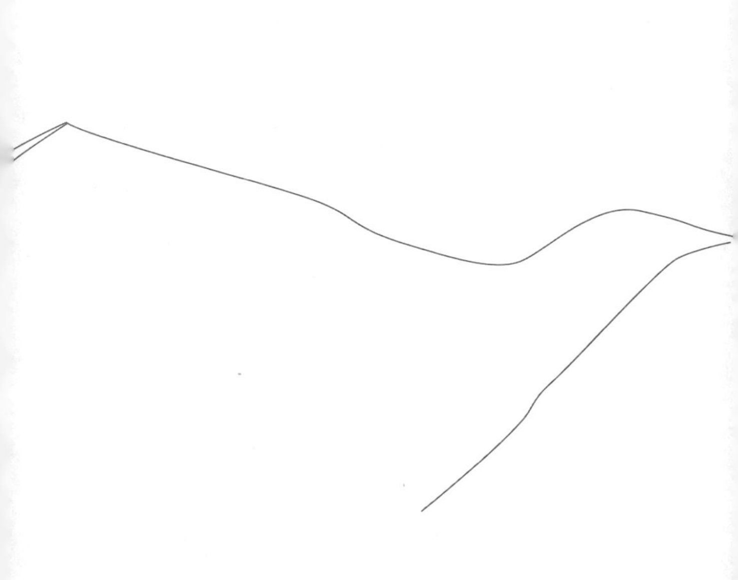

滴水成就
江河湖海

一

黄河的源头在哪里？

在牧马汉子的酒壶里。

黄河的源头在哪里？

在擀毡姑娘的歌喉里……

我在心里唱着这首《黄河源头》的歌，走向了三江源国家公园中的黄河源园区。

毕竟是歌，带有无尽的优美想象，若果真去寻找黄河的源头，不知要经历多少困苦与艰险。黄河源园区位于果洛藏族自治州玛多县境内，涉及黄河乡、扎陵湖乡和玛查理镇，以及扎陵湖和鄂陵湖两个天然湖泊和星宿海湖泊群构成的“千湖”景观。

我们都知道黄河发源于巴颜喀拉山。巴颜

（三江源国家公园管理局供图）

喀拉，蒙古语的意思是“富饶的青黑色山脉”，藏语叫它“职权玛尼木占木松”，意思是“祖山”。看来藏族人最早对它的认识就是众山之祖，而大河之母出于众山之祖，就是对的了。

黄河的源头在麻多，那是玉树藏族自治州曲麻莱县的一个乡。但是我们走的大部分区域都在果洛藏族自治州的玛多草原，也就是玛多县域。这实在是让人糊涂。如果不看字，只听音，那就是一个地方，看了字才知道麻多和玛多其实不是一码事。果洛在大的区域内属于安多藏区，而麻多接近康巴藏区。麻多和玛多，翻译成汉语都是“黄河的源头”，就是写法的不同，用藏文来写这两个地名，麻多和玛多也是一样的。

在巴颜喀拉，人们对于黄河源头始终很难确定，因为很多的山麓都有水流。先确定的卡日曲，是从麻多的智西山麓流出；后来确定的约古宗列曲，是从雅拉达泽峰东面流出。这两座大山都是巴颜喀拉的支脉，属于古老的玛多草原。我查了百度百科，上面是这样说的：黄河发源于青藏高原巴颜喀拉山北麓海拔4500米的约古宗列盆地。还配有图片，图片的说明是：“约古宗列——黄河正源”。

去约古宗列曲比去卡日曲还要远，约古宗列曲与卡日曲中间只隔着一座大山。但是要翻越这座大山，并非容易，还有漫长的路要走。那么，到卡日曲的人相对多一些，牛头碑在那里。约古宗列就成为一种向往，很多人无法到达。

我们说的雅拉达泽峰，海拔5214米，“雅拉达泽”藏语意为“牛角虎峰”，雪峰拔地冲霄，极像是长了牛角的虎头。雅拉达泽峰统领着雅拉达泽雪山区数十座海拔5000米左右的雪峰，可想其壮观的景象。这片雪域，是三条大河的分水岭，现代冰川十分发育，成为各大河流取之不竭的水源。雪山东侧的水网汇成黄河，西侧发育了长江上游通天河系，北边是内陆河格尔木河的源头水系。我们无法看清这片群峰耸峙、空气稀薄的严寒雪域的真实面目，觉得它已经是世界的尽头。

在这群山连绵的巴颜喀拉山脉中，我竟然看到山的皱褶偶尔出现的斑斑黑点，黑点中夹杂着白点。我知道，那就是被人们称之为“高原之舟”的牦牛和举世闻名的藏系绵羊。巴颜喀拉的雪线以下，生长着大片牧草和灌木，是高原草甸动物群落的天然良园。

不要单单去想巴颜喀拉的冷峻，其实它同

我们中原的山一样，饱含着温情。

二

玛多县城的海拔4300多米，同治多差不多。到了玛多已是傍晚，先找地方住下。以前，听人说来玛多县城，因受不了这里的高原反应，一般都不停留，而是穿城而过。这次经历了高海拔的检验，反应却是没有出现。

出玛多县城往黄河源头走，路上的能见度还可以，路面虽然潮湿，但是不影响走行。在藏区，这样的天气应该算是不错的。车子开了三四个小时，到达鄂陵湖，雾气重了些，迷迷蒙蒙的，看不清天地。那些雾气从湖上升起来，给鄂陵湖罩上了一层神秘的色彩。

直到弃车攀上一处高台，挨近湖水时，

（三江源国家公园管理局供图

才看清眼前的一片波光，这波光在太阳打过来时，变成了无限远。我从来没有见到如此干净透彻的湖水，水是淡蓝淡蓝的。这种淡蓝很配鄂陵湖，因为湖水实在是太清澈，清澈本身就发蓝。这样的色彩进入镜头，简直就像加上了一片难找的滤镜。

当地人说，人们把鄂陵湖称为蓝色长湖，把扎凌湖叫成白色的湖。

朦胧中看见鄂陵湖中有一块凝重的物体。等到光线再次打过来，不知道谁说那是“热玛智赤”，是一座很出名的岛，意思是山羊拉船。当年格萨尔王妃珠姆虔心向佛，便让一只山羊拉船到湖心岛煨桑，于是留下了这个遗迹。

鄂陵湖与扎陵湖由一天然堤坝阻隔而又相

通，形似蝴蝶。这蝴蝶就像一个储水器，将黄河支流的水聚集起来，聚集成耀眼的景观。这景观通过一组数字可以看出：扎陵湖面积是526平方千米，蓄水量46亿立方米；鄂陵湖的面积是6107平方千米，蓄水量达107.6亿立方米。

再前行就是扎陵湖。这个时候，雾气已经散去，能看到天水相接的美妙，那是云气盎然的气象。看着的时候，会把水看成天，把天看成水。远处戴雪帽子的山峰，像优雅的少女在湖边漫步，而山腰的云朵，则是一群绵羊，在撒蹄子奔跑。

远处，谁在湖边扎了漂亮的帐篷，给这湖增添了另一种气息。

见识了鄂陵湖，现在又体味了扎陵湖，让人已然忘记湖同黄河的关系，猛然想起这就是黄河初始的一段，就感觉这一段太出彩。

约古宗列，那里实在是太遥远。从那里流出的细流叫玛曲。玛曲东行20千米，便是著名的星宿海。所谓星宿海，就是像群星一般的湖泊和湿地构成的景观。而后，这些水流蜿蜒东南9千米，挽流左岸支流扎曲，再往下接纳左岸支流玛卡日埃，再往下，就同右岸来的支流卡日曲汇合在一起。这时，队伍便壮大起来，因而不再漫漶徘徊，冲出去一度分汊为七股，踉踉跄跄抢着往前，最终并入三股，进入黄河源头第一大湖扎陵湖和鄂陵湖。

一股势不可挡的大河，终于要在此集结整编，履行它“咆哮万里触龙门”，润泽中华的伟大使命。

（三江源国家公园管理局供

三

我查过一个资料，说唐蕃之间重大战争的发生地，就有星宿海地区，这个地区包括扎陵湖和鄂陵湖。这是因为，其与一条古道紧密相连。大唐文成公主进藏成亲，就从这里经过。这里竟就是唐蕃古道的必经地。

公元7世纪初，吐蕃赞普松赞干布统一了青藏高原，与当时的唐王朝建立了友好关系，并多次向唐王朝请婚。这就出现了历史上一位伟大的女性——文成公主。贞观十五年（公元641年）唐太宗派出一支隆重的车队，护送文成公主入藏和亲。以后，唐朝又遣金城公主入藏，嫁与尺带珠丹。

文成公主是当年正月从长安出发，按照精心计划的行程和交通条件，走到这里时，正是草原上鲜花盛开的季节。

这条唐蕃古道从日月山、切吉草原一路过来，绕扎陵湖、鄂陵湖，翻巴颜喀拉山，过玉树通天河，再至杂多当曲，越唐古拉山，最后到达拉萨。史书载，松赞干布专程赶往柏海，也就是在鄂陵湖和扎陵湖这里盛情迎接，而后在勒巴沟文成公主庙休整一个月。

我的眼前浮现出一个至今都没有过的盛大场景，那场景，以烟波浩渺、风情奇特的两座大湖为背景，该是怎样地庄严隆重。

到鄂陵湖和扎陵湖迎接文成公主的松赞干布一定会告诉她，不远就是巴颜喀拉山，是一路上看到的那道巨大的屏障，现在终于要从它上面翻过去，这是最艰难的路段，翻过去，就离吐蕃首府不远了，就会结束这漫长而艰辛的旅程。

大唐公主一路上感受高原的苍茫与辽阔，一定也被这神奇的湖水所惊艳，并且入乡随俗，接受吉祥的缎布和哈达，抛洒一片片龙马，以表示对这片山水的景仰和藏民族的爱戴。她的美丽，会感染周围的人，包括威武豪壮的松赞干布。而后车队再次启程，隆隆越过这横亘在吐蕃与内地的巍巍山脉。

文成公主与松赞干布和亲，带去了不少汉人的生活习俗，并且带去了茶叶。自此，藏族人完全接受了大唐的这种优雅的叶片。他们将茶叶加入酥油和盐巴，而后在锅中烧煮，便有了藏区最喜爱的酥油茶。这种酥油茶成为藏族人除食品以外的主要饮品。公主和亲后，也就有了“一半胡风似汉家”的说法。

（三江源国家公园管理局供图）

历史远去，而景物长留。你很难想象当年是一条怎样艰难的路，必须穿越这两座大湖。现在来的，多以考察黄河源头为目的。这样反倒是有利于保护这一区域，使得这些天然景观更加洁净天然。

神秘与未知

神秘与未知 V

一

长江源园区，主要是在玉树的治多和曲麻莱，园区总面积为9.03万平方千米，涉及治多县的索加乡、扎河乡和曲麻莱县的曲麻河乡与叶格乡，包括可可西里国家级自然保护区核心区、缓冲区以及三江源国家级自然保护区的索加——曲麻河保护分区核心区和缓冲区，从通天河烟瘴挂大峡谷上溯至楚玛尔河流域、沱沱河流域和当曲流域。

从玉树市区到治多县驻地加吉博洛镇，将近200公里，因为地势逐渐攀升，治多同玉树的海拔落差达到了1000米，玉树的海拔是3500米，那么治多就是4500米。治多藏在万山之中，万源之上，这里时时都会下雪，有时是雨夹雪，有时是冰雹夹雪。当地人有个说法：治多有两个季节，一个是冬季，一个大约在冬季。

藏语中，长江为治曲。“治”是母牛的意思，“曲”是河流的意思。传说很久以前，大地干旱，长江从天上的一头母牛鼻子中喷涌而出，解救了人间苦难，因此长江被称为治曲，即“母牛河”。“治多”的意思就是长江源区，治多也就被称为万里长江第一县。

进入治多，先要见识一条清澈而激涌的河——聂恰河。聂恰河有六大源头：查曲河、拉日河、多彩河、恩钦河、道第河和麦考河。可以说，每一个源头都有诗的意味。而它最终，还是要汇入长江的前段通天河。

治多所处地势高耸。早晨拉开窗帘，真

个是雪山环绕。海拔从布喀达板峰巅的6860米到县境东部通天河沿岸的3850米，高差差不多3000米。这里，昆仑山脉绵亘境北，乌兰乌拉山横贯境南，还有一个可可西里山，横穿中西部。它一地就比欧洲一个国家还要大。在它的地域里，充满了神秘和未知。不说别的，一个可可西里，就够有说辞的。

索加乡所属的广阔地域，就是著名的可可西里。它是世界自然遗产，而且是世界上原始生态环境保存最为完整的地区之一，也是全国面积最大、海拔最高、野生动植物资源最为丰富的自然遗产地。

索加乡距离治多县城264公里，是一个十分偏远的乡镇，如果在中原，这个数字，差不多跨越了三个城市。“环保卫士”索南达杰就是索加乡人，并且担任过索加乡党委书记。

索加乡因境内索加山而得名，意为“灰色的桶”。其地处通天河南岸、莫曲东岸河谷滩地。境内全年无四季之分，高寒缺氧，低温干旱，气候恶劣，条件艰苦。西南、西北、北部分别与新疆、西藏以及青海海西蒙古族藏族自治州毗邻。

这样一说，就会感觉到这个自古以来的高原和边陲重镇，是多么辽阔而广大，浑厚而苍茫。空间距离的高远，文化上的陌生，使我对这片广阔的游牧疆域充满了期待。

二

长江有三个源头，南源为当曲，北源为楚玛尔河，正源为沱沱河。当曲是长江三源中

（三江源国家公园管理局供图）

水量最大的河流，该流域也是长江源降水最多的区域。由此，当曲应作为长江正源的呼声一直没有停止。2008年9月，青海省组织以著名河流探寻者刘少创为领队的三江源科考队，通过当时全球最先进的测绘仪器，测得沱沱河的最长支流长度为348.63公里，当曲为360.34公里，当曲比沱沱河长出11.71公里，因此认为应该更改原有认定。

但是科学界并不完全认同这一观点。一条大河的源头问题非常复杂，特别是牵涉到十几亿中国人感情的长江。所以，至今遵循的仍然是以前教科书上的结论。科学，还需要等待时间。

从治多去长江南源当曲，路上来回差不多要一天时间。

路并不是很好，当然没有什么柏油路，一切显得原始自然。中间几次遇到泥泞路段，有时还要下水，或者穿越冰河。偶尔会有雨，也会下雪，更多的是雨夹雪，车窗玻璃时时被震响。雨刷器不停地努力尽职。基本上遇不到什么人，甚至牧民。半途经过休整，下午才到达一座山下，弃车往上攀去。

当曲之名，来自藏语“沼泽河”的音译。多年冻土的广泛发育和分布，是当曲流域高寒沼泽形成的重要环境之一。由于这里自然条件恶劣，网状水系复杂，流经数百平方千米的地域，基本为无人区，处于原始状态。

连片的沼泽，简直无法下脚，一个个突出水面的坚硬土块，并不是规则的，让人觉得这是世界上最好看的不规则图形，电脑都无法制作得如此奇妙。

一凼凼水洼，透着千百年的清纯。这么多年，没有什么打搅它们。它们就像捧着一颗清心，冲着蓝天。

不知道天什么时候晴了，并且有了阳光，连片的沼泽和泉眼，在阳光照射下，波光粼粼，忽绿忽蓝。这座山像一个巨大的馒头，馒头的弧形实在是太大，在沼泽中艰难地攀爬时，总感觉已经见到了山顶，到跟前却发现前面又出现了一道弧。让你的信心顿消。

疲累到极点时，终于看到一块矗立于沼泽之中的碑石，这块长江南源科考纪念碑标示的源头海拔是5039米。立碑处实际上没有水源，周围看看，也不是最高的山脚处，那只是山野中稍高一点的地方。

远处耸立的唐古拉山，为当曲这片高寒的沼泽湿地带来了源源不断的冰水，那么，形成下面细流的水源，就是这一片沼泽了。

从沼泽冒出的水不断地汇聚，而后向下流淌，渐渐流成一道细流，细流四处找路，最后沿着我们进入沼泽的边缘曲折走行，越走越有规模，到了山下，就成了一道大水。

回去的时候，已近黄昏。在这片保护区域走行很长时间，车子的前方，出现了一道金光，长长地闪烁在天边。一开始以为是云流。在荒原上走，常常能看到各种美丽的云霞。再往前开，简直惊呆了。那哪里是什么云流，完全是水流！在我们的前方，还有右侧出现的，是幻觉一般的宏阔水流。水流不是一道，而是千万道。就像一个巨大的纺纱厂，千万台机器同时织着辉煌的云锦。这就是当曲，也就是万里长江的初始阶段。

三

长江的三条源流汇总之后成为通天河，治多人之所以叫它通天河，就是认为这水是从天而降的。

那天去一个地方，事先并没有听清楚要看什么。

雪山连绵，车子在不停地翻越山峰，有时根本看不清道路，完全是凭着感觉在走行，翻到山下雪变成了雨，再爬上去还是雪。

终于进入一个谷底，摸索着向前开，渐渐地爬上一座山峰，爬到半腰停下。然后徒步往上爬去。

窄窄的山脊上，每个人都在弓腰用力，没有路，脚在随意选择，或踩着前面人的脚印，有些山石上没有脚印，只能自己判断。有人掉队了，站在那里喘气。这里的海拔，少说也在4500米以上。果然，一看数据：海拔4590米！

爬上去猛然抬头时，看到了刚才的谷底，这个谷底实在是太辽阔，它能装得下千军万马。

谷地里满目绿色。云中的阳光在忽隐忽现地扫描，扫到的地方，就泛黄地亮闪。

攀到最上面的时候，感觉地形十分怪异，猛然回头，一声惊呼从每个人的口中喷出。原来，身后绝壁的下面，是一个U形的水流，这就是著名的通天河第一湾，也就是万里长江第一湾。这个湾弯得那么奇巧，一道汹涌好不容易冲到这里，没有想到会遇到三大神山挡道。

它无论发出怎样的怒吼，进行怎样地冲撞，都无济于事，只好认输，一个大回环，转身绕向了远方。

从高处看这个“第一湾”，那真是高拔奇迈，荡气回肠，让人叹为观止。

深深的峡谷之上的山峰，没有任何遮拦。这里没有开辟旅游线路，来的人少之又少。所以，也没有谁设立警示标志，建立防护围挡。如果不注意，就会滑下万丈深渊。

四

让人惊喜的是，治多还是“嘎嘉洛文化”的诞生地，是格萨尔王王妃——珠姆的故乡。珠姆，是草原美丽女子的代名，是善良、聪慧、俊美的化身。

参加嘎嘉洛“源”文化节，珠姆的巨型雕像就坐落在中心广场。声势浩大的开幕式开始了。寺院的僧侣在为珠姆的白玉雕像祈祷祝福，并举行沐浴仪式。藏民们身穿盛装，扶老携幼，云集于此，使这场面更显隆重与庄严。人们看关于嘎嘉洛文化和珠姆的大型歌舞，听格萨尔艺人关于英雄史诗的说唱，那深沉悠扬的韵律，一直飘扬到白云飘荡的天空。

我们在黑帐篷里就餐，偌大的黑帐篷远远看去就像一座山峰。这座山峰如果同嘉洛红宫相比，它就是一座“黑色宫殿”。

宫殿里竟然能坐下那么多的人，一排又一排坐席，人们喝着酥油茶，吃着大块的牦牛肉，有人敬献洁白的哈达，唱起了祝酒歌，酒是草原上最美的青稞酒。微醺中，又有人唱起了格萨尔的颂歌。

晚上我们就在黑帐篷里露天宿营，一座黑帐篷能躺下那么多人，认识的不认识的男男女女躺成一片，半夜里会有各种各样的鼾声和呓语。

实际上，很多人是睡不着的，很晚很晚都不会回到这黑帐篷里。我出去的时候，看到草地、河边和林子里，都是三三两两或坐或卧的影子。

五

三江源区是重要的虫草产地。6月，正是虫草的采挖与交易的时节。

住在治多，大清早，看到门口围了一群人，我在二楼窗前看不大清什么原因，下去才发现是虫草交易。有人围着判断虫草的好坏，讨价还价的，还挺热闹。

聂洽河从雪山一路流来，带着一河的清灵。河边走来身着彩色藏服的女人，她们肩着背篓，里面装着虫草。后来就见到一个虫草交易市场。看到尚未有人的一排排的摊位，就知道一会儿会有多热闹。

可惜我们马上就要出发去杂多，体会不到聂洽河畔的迷人场景了。

在杂多县境内的荒原上，好不容易看到几排简单的房子。最前面临路的一排，坍塌了不少，早已无法住人，不知是属于乡政府，还是当地牧民。

几乎见不到什么人，周围也没有多少人家，更没有想象的那种帐篷和藏包。这里仍然是以游牧为主，牧民们许多都去放牧或挖虫草了。

倒是有不少的野狗围在我们四周，既无恶意也不友好地看着这些外来人，而且总是跟着你，几乎每个人身边都有几条。

又是一天行程，终于看到漫漫戈壁有什么遮挡了视线，再近些，好像是一些建筑。建筑群不是很大，规模不如中原的一个小村，却是一个乡政府的所在，只有一条街，见不到一个人影。

车队在街中央还没有停稳，一下子围上来一群狗，都露出矜持的神情，看你有什么想法和举动。本来想着有狗就有人，狗都是跟着人的，而实际上已经知道这种想法的离谱。

看到一个卫生院，建的还可以，也是一个

人没有，可能都到一线去了。后来看到一个报道，说的就是杂多的乡卫生院。几个医生和护士都是年轻人，其中两个刚从学校毕业不久，考入医疗单位便被分配到了这里。艰苦的条件和长长的旅途使得他们不能经常回家，但是他们坚持了下来，并且经常驾车去为藏包的牧民服务。由于是偏远的卫生院，便会受到各种支持和捐助，医院的设备还是不错的。

杂多县同样是虫草之乡，这里的海拔是4800米，气候条件恶劣，冷季长达9到10个月。6月正是挖虫草季节，人员必然全都上了一线，乡里本来工作人员就不多，留守没有什么意义。

雪 野 中 的 找 寻

雪野中的找寻

一

澜沧江源园区位于玉树的杂多县，涉及杂多县莫云、查旦、扎青、阿多和昂赛5个乡。

在杂多，我们住在了县里安排的一处招待所，招待所的房间似乎久未开过，显得潮湿异常，可能是这里的气候原因。只是旅途疲累，我们很快就入睡了，高原反应也不去管了。第二天，参加了县里召开的寻根源文化——澜沧江源头和长江南源考证座谈会。当地学者详细介绍并且解说了杂多的地理地貌，众人就三江源区的保护与开发进行了研讨，对于保护与开发的矛盾，提出了各自的问题和观点。

杂多县区域广大，乡与乡之间不是隔着

无数山水，就是广袤的荒原，走行差不多需要一天。在这样的区域内，发现一个什么现象或景观，也属常事。

2015年10月，中新社曾经发文，在澜沧江上游重要支流杂曲流域发现了300余平方千米的白垩纪丹霞地质，称这一区域为“青藏高原最完整的白垩纪丹霞地质景观”。

这个地方就在杂多的昂赛乡。当地世代为居的昂赛人，对这样的地貌见怪不怪，外人来了却惊奇万端。

进入峡谷，危险无处不在，道路十分狭窄，一忽沿着江边盘绕，一忽又攀上了悬崖，就怕对面来车，两车避让是十分危险的。悬崖下面就是奔腾的澜沧江。

沿着河谷越往深处走，越会感到海拔高

度在逐渐降低，而风光愈加秀丽。前几天的走行，几乎看不到一棵树，在这里却发现了成片的古柏森林。这种柏树的树形极像一个个大蘑菇，有人称之为“小老树”。

到达海拔3800米的澜沧江上游的昂赛乡时，一幅沧海桑田的地质巨变图完全呈现在眼前。这是青藏高原发育最为完整的白垩纪丹霞地质景观，其与石灰岩冰缘地貌，以及它们所蕴含的新构造运动，包括气候变化、冰川作用、流水侵蚀、人类活动等信息，为地貌学、冰川学、河流学、构造地质学、植物学、历史学、宗教学和人类学等学科的研究，提供了一处极好的天然博物馆。

走进大峡谷会看到格仲儿女，还有身着彩色服装的小朋友，他们在自己的家园开心

（三江源国家公园管理局供图）

地唱着跳着。他们是大峡谷的子民，世世代代繁衍生息，祖祖辈辈薪火延续，让人觉出生命的坚忍与坚强。

二

考察完了长江南源，在赶去查旦乡的路上，我们的车队经受了一次挫折。这是想不到的挫折。

本来，查旦乡的乡长带着车子在半路迎上了我们，吉多乡乡长尼玛停下车，同查旦乡乡长握手见面，然后和我们告别。

前面说了，在高原，一个乡到一个乡的距离，比中原的一座城市到另一座城市还远。多亏了尼玛，有了他的带路，我们考察长江南源还是比较顺利的。而且查旦乡的乡长又过来接上我们，去查旦乡住一晚，再出发去考察澜沧江源。

查旦乡乡长很热情，说查旦乡有18座神山，还有数千个大小湖泊。

乡长走的无非就是来的路，再走一次应该是轻车熟路。路上经过一条小河，来时没事，回去时却涨水了，乡长的车子开进去，一下子陷在里面。这个时候，天早黑了，四野没有一丝光线。似乎在下雨，雨将道路变得泥泞起来。不得已，只好扔下乡长的车子等待救援，其他的车由乡里的人带着绕路。

回返的路那么长，直直地往回开了不知多久，才拐上另一条路。看来这条路离查旦乡不近。说是路，其实不过是车子碾过的两道痕迹。

天上没有一颗星，满世界只有两道车灯，原野中显得并不明亮。我相信，这个时候的两道暗光，就是狼看到，也会心生疑惑和恐慌。

好不容易到了查旦乡政府所在地，看时间，差不多已是半夜。

三

海拔约5000米的查吾拉山，在荒野中昂然挺立。

查吾拉是褐色的垭口之意。此山是一座分水岭，山的西侧，就是西藏地界，因而也是江源进藏的必经之路。在过去，古道上不断有马帮和牦牛驮队。

文成公主和金城公主就是穿过勒巴沟，从

巴塘绕到杂多，再经过此山进入西藏的。玉树25族的牧人们，都会来到这遥远的山口，表达对神山的敬仰，对圣城拉萨的向往。

查吾拉山口，亿万经幡和着雪飞舞。经幡下站立，天地浩渺，灵魂玄空。

茯茶包垒砌的祭台，浓浓的烟雾在飘升。大雪一片迷茫。

我们冒着雨雪，踏上了探寻澜沧江南源扎西曲瓦的路。

说是路，其实在这样的高原，就是很窄的土石道，有的能够辨识，有的地方只能靠感觉。一路上几乎遇不到车子。也就是说，这路形同虚设。

本来想着天黑之前到达扎青乡休息，但是一路上泥泞不堪，不是上坡就是下坡。车

（三江源国家公园管理局供图）

子上坡打滑，下坡也打滑，一辆车子过去，将路面弄得不成样子，第二辆再走，就摇摆不定。

上坡下坡都很陡，有时下去后还可能遇到一道水。过水后的路呢？那路可能就在水中，水底大都是鹅卵石，将一段河流当成路还是可以的。但是如果水大，就只有走一条新路，这新路就得摸索了。

这样的路可想而知。眼看着日头落，眼看着天擦黑，眼看着扎青乡遥不可及，只好找地方安营扎寨。

这是澜沧江上游阿曲和吉曲两条河流的交汇处，当时顺着一条河边开车进去，没有想到另一个方向还有一条河流来。周围是很高的雪峰，雪峰下能见到气息升腾。

后来得知此地叫扎嘎昂森多，也就是两河交汇点。北面流来的河水清澈，称扎嘎布（阿曲），南面流来的河水浑浊，叫扎那布（吉曲），两河没有汇合时，被眼前的这座大山阻隔，山叫阿尼吾嘎，被尊为神山，因山腰有巨石，形如一位白须老人。昨晚下了雪，更像一尊皓首白发的仙人。两河在山下合二为一，这就是杂曲，也就是澜沧江。

在澜沧江上游的阿曲与吉曲的交汇处拔营出发，冒着阴雨，我们再次踏上探寻澜沧江杂曲南源的路，这个南源称为扎西曲瓦。

路当然还是同昨天一样，只不过早上好走些，坚硬的泥泞还未松软。车队尽量加快速度。

前面进入了深山区，昨天夜里下的雪，

还是白茫茫一片，看不清哪里是路，哪里是沟。一个小时后，路开始湿软，前面的车子碾压过去，会将带着雪的泥点子甩给后面的车子，遇到上坡也不能跟得太近，那样会影响冲力。

前面是一个陡峭的高坡，车子冲了几次都滑了下来，车上的人下来推，还是滑了下来。

只得放弃这条路，沿着山边往回走，走了很长一段，才走到这座大山的尽头。而后折返到山的那边，看能不能再找一条路。这个时候，只能靠感觉，在茫茫山野中穿行。

接近中午，大家随便在车上吃点干粮。

终于看到了一群牦牛。有人从车上下来，向着一个地方跑去。回来告知情况，而后得出结论，去往澜沧江南源扎西曲瓦的路，就是刚才上坡打滑的那条路，如果按照现在这条路摸索，不知道结果会怎样，因为这一带完全被雪覆盖，前面下的雪更大。

我的视野白茫茫一片，什么也看不清，整个就是一张雪的巨毯。

不能冒险，只好放弃。重新寻找道路，改去探寻澜沧江的北源。

四

这就是高原，高原没有商量，没有告知，只有原始。保留原始状态，也许更显自然。如果到处都是路标，回头想起来，或也索然无味。

不要以为往下便是一路坦途，不过就是一个方向而已。道路依然如前，在漫山荒

（三江源国家公园管理局供图）

原中摸索。中间又有几次上上下下的冲锋陷阵，而天给了面子，出现了滚动的云朵，让荒原有了动感，也有了参照物。

下午四点左右，车子在一道水流里行走了好一段路程，能够感到石子发出的呻吟，水花在轮子两边飞溅。我们不得已才走水路，上边的路断了。大方向是对的，已经问过牧民，牧民说过去前面的山头就是。车子也似是知道了希望，虎虎地带着一股子猛气。

终于看到了一座经幡，经幡扎在高高的山头上。

车子猛一加油，爬上了路基，快速地朝那里奔去。有人说那就是呼唤周德的地方。“呼唤周德”，好有意思的一个地名，让我们呼唤好久。

很快就有人朝着山头攀去。这个时候看那五彩经幡，觉得高耸无比，似是擎到了天上。

上去了往下看，那才是一望无际。头顶的经幡，千万道色彩在飞扬。

高原反应随之而来。找那道水流，不是澜沧江源头吗？我围着山顶转着，没有看到，连半腰上也没有水流冒出的迹象。

下来才知道，澜沧江的源头，还需要从这个山前进去，这座山，无非是一个标志。

进入峡谷。这才看到，峡谷中流出来一股细细的水流。

这种地方，真正是无人区。这么长时间，没有见到一个同胞，如果见到，大家会欢呼雀跃。哪怕是见了一头野牦牛，也会如此。视线太单调，视线里除了山原，什么也没有。如果不是这些细小流水，更加单调。

一大片区域，同长江南源一样。已经转了一个多小时，仍无法找到一个确切位置。其实，澜沧江的南源和北源就隔着一座山，都是吉富山麓的水流，但是分别到达这两处，又会是无限艰难。好在是无数的水流，最终变成了两股，两股终又合成一股，成为波澜壮阔的大江。

有人找到了一堆石块，看藏文说是源头的意思。石块感觉很老了，有的生了厚厚的包浆和苔藓，似乎不是今人所为。于是神情严肃起来。这里的海拔是5200米。按照科学说法，从这个源头起算，澜沧江的长度是4900千米。

后来我看到了奔腾的澜沧江。

澜沧江从我看到的一条细流，到这里变成了宏阔的一条大河，而这条河尚未流出玉树境内，多么不可想象。

水流滚动的速度非常快，站在江边一会儿就会头晕目眩。大水一直向下游滚去，下游是西藏还是云南？按照陆地行走的路线，前面是进入了西藏，河流顺着山绕圈，就不大好说。

可 可 西 里 仰 望

一

可可西里平均海拔4600米以上，自然环境十分严酷，属于地球第三系地质平台，被称为人类生存的禁区。然而这里却有大量的野生动物，属于索加乡的君曲村是藏野驴保护区，莫曲村是野牦牛保护区，牙曲村是雪豹保护区，当曲村则是藏羚羊保护区……这里的村子不是中原村子的概念，每一个村子都相隔得无限远，人员也是极其稀少。

我们的车子正在可可西里穿行，道路是顺畅的，也是迂回漫缓的，不是上坡就是下坡。太阳有时会被高高的山壁遮住，有时完全袒露在荒野上。两边都是茫茫无际的无人区，有时会见到藏野驴或者野马，保不准什么时候有一只狼跑过。

我一直想见到野牦牛，朋友说野牦牛比牧民的牦牛要凶猛，一般的野物对付不了野牦牛。

朋友曾两次穿越可可西里。第一次见到一头野牦牛，它前腿有伤，跑起来一瘸一拐。当朋友的车子冲到野牦牛前方再回头时，野牦牛把尾巴扬起来，毫不犹豫地朝着车子冲过来。朋友形容它“冲”过来的架势，简直就是一团漆黑的夜幕，感觉即刻就要被那暗夜吞没。

第二次是在可可西里南部滩地，朋友的车冲到离野牦牛大约200米距离，准备拍摄时，那头野牦牛却冲向前面的那辆车。在那车的后面，它的前蹄深深踏溅出一抔沙土。尽管还未解冻，但大地经不住野牦牛的千钧冲击，它像是踩了雷，炸开了一窝沙石。朋友说他感觉到了大地的震颤。

可可西里，野生动物的乐园。

二

现在是8月，天空洁净，空气清新，白云一忽飘来一块，像在传递美丽的画面。画面是翻上去的湖，太阳在湖水里荡漾，荡漾成细碎的金钿。这湖就叫了太阳湖，她的美妙，像一个传说，把一个又一个世纪连接在一起。传说的主角，就是世界级的保护动物藏羚羊。它们在久远的天地跑来，一直跑向太阳湖。多少年的夏季，它们都会义无反顾地实施自己的行动，带有一股坚忍不拔的任性，哪怕这迁徙之路上布满荆棘，甚至布满枪声。

我来的时候，这里已经成为可可西里保护区，成了三江源国家公园的区域。这是藏羚羊的幸事，也是人类的幸事。所以今天，我们能

（三江源国家公园管理局供图）

够静静地等待，等待着一个千载难逢的机会。我知道对于中原来的我，真的是机会不多。可可西里太辽阔，也太艰难。正是因为如此，才有如此多的野生动物，有如此多的目光。

在那些目光中，曾经就有残忍与疯狂。

那个时候，世界上很多的人还不知道藏羚羊的名字，更不可能见识过它那灵动的身姿，也不知道可可西里。

藏羚羊是可可西里原始部落的成员，每一个族群都有自己固定的牧场。年复一年，只要没有走向死亡，它们都是走在自己熟悉的路上。到了秋冬季节，它们又会从各自的牧场赶回来，赶到可可西里腹地的太阳湖边去产羔。那是一个千年不变的约定，太阳湖的约定。每一只走出去的藏羚羊，都会按照这个约定回来。

但是也有一些藏羚羊，走出去了，却永远地没有如愿。

多少年前有人见过一只焦黑的藏羚羊，它被盗猎者捕获之后，全身的毛皮给活剥。它还活着，血淋淋的身躯被阳光和风雪吹打成了焦黑色。在荒原上，它挣扎着向前，每一步都发出凄惨的哀叫。而另一只出生不久的小藏羚，依偎在母亲身边，它的母亲已经倒在血泊中，身上的羊皮刚刚被剥掉，上面的鲜血依然鲜红。扎巴多杰看到过一只更可怜的小羚羊，它还在母亲的肚子里，还没来得及出生，它的母亲已被枪杀。同样是被剥了皮的母亲，不同的是这个母亲的肚皮被划开了，未及降临的小羚羊提前探出头来，呼吸着凛冽的空气，它不知道世上发生的事情。

自从被那些利己主义者盯上，茫茫4.5万平方千米的无人区，便没有了这些精灵的立足之地。它们在一次次捕杀、一阵阵枪声中倒下。孩子失去了妈妈，妈妈失去了孩子。在远古就确立的生存空间，已经由不得它们。当见到一个个凶神恶煞般狰狞而得意的面孔时，它们无助地战栗、流泪，无声地倒下，死去。

索南达杰出现的时候，这些可可西里自由欢快的精灵，世上独一无二的精灵，已经不到两万只。再不加以保护，可可西里将变得一片冷寂。索南达杰提出这一问题，可可西里还不是什么保护区。索南达杰成了第一个保护机构的负责人。

这是一个吃苦又受罪的差事，也是一个义不容辞的担当。有一个记载，索南达杰担任西部工委书记至牺牲的540余天，先后12次进入可可西里腹地进行实地勘察和巡查，共有354天在可可西里度过，行程6万多公里，对可可西里的自然资源进行了全面详细的考察，搜集掌握了大量的第一手文字和图片资料。并且先后查获非法持枪盗猎团伙8个，收缴各类枪支25支，子弹万余发，各种车辆12台，藏羚羊皮1416张，沙狐皮200余张，没收非法采金费4万余元，为遏制破坏生态环境违法行为、保护可可西里生态环境作出了突出贡献。由此，他阻挡了无数财路，也阻挡了射向藏羚羊的枪口。

索南达杰说过一句话，如果一定要有人为藏羚羊去死，那就让我去吧。索南达杰真就为藏羚羊献出了生命。索南达杰的名字同藏羚羊连在了一起，同可可西里连在了一起。在为索南达杰送行的那些天里，全治多的数百僧侣自发赶到治多县城，点燃了千盏佛灯，连续七天七夜为索南达杰的亡灵诵经超度。这种情形，感染了每一位草原的人，也一定感染了那些藏羚羊，它们天性有知，会站在太阳湖边默默垂泪。

每一个关注藏羚羊的人，都会知道索南达杰，还有扎巴多杰。索南达杰去世后，索南达杰的妹夫扎巴多杰接替了索南达杰的工作。但是扎巴多杰也献出了自己的生命。他同他的大舅哥的鲜血流在了一起。正是因为他们，换来了保护区的设立。

索南达杰牺牲后，可可西里所在的三江源地区被确定为我国首个国家公园体制改革试点地区，可可西里和三江源生态环境状况明显好转，世界自然保护联盟宣布将藏羚羊的受威胁程度由濒危降为易危。1997年，可可西里又升格为“可可西里国家级自然保护区”，成为中国第一个为保护珍稀濒危野生动物藏羚羊而设置的国家级自然保护区，藏羚羊受到了前所未有的保护。

在可可西里的一处公路上，我看到了专为藏羚羊迁徙留下的通道。所有经过的车子，见到藏羚羊经过都会放缓速度，并且距离很远就停下来，让远道而来的藏羚羊队伍快速穿过。后来青藏铁路穿越这一区域，也专门为藏羚羊的迁徙留下通道。

三

位于可可西里保护区的海拔4767米的昆仑山口，屹立着索南达杰纪念碑。

我远远地望着那白皑皑的山岭，那是我

（三江源国家公园管理局供图）

们心中的圣山。我一直盼着能够在天黑以前赶到昆仑山口，但是无论我们如何努力，还是在夜晚赶到了那里。车灯打亮了一片地方，光亮在这高耸的地方不大起作用。索南达杰的雕像前，大家按照藏俗的祭奠方式，抛洒了整整一箱的风马旗。那些风马旗很快随着雪卷入了夜空。这片夜空应该是方圆最高的地方。

可以告慰索南多杰的是：2017年，可可西里申遗成功，成为中国第51处世界自然遗产。2020年，三江源国家公园成立，可可西里被纳入其中。可可西里再无枪声，藏羚羊栖息的家园一派宁静与祥和。

你看，藏羚羊的身影出现了，它们先是有些犹豫，但是领头的还是迈出了坚毅的四蹄，继而撒欢地奔跑起来。其他的藏羚羊紧随其后，同样撒欢地奔跑。那是一支不小的队伍，前前后后跑了很长时间，它们有的单个，有的结伴，但都跑得很轻松，自由自在的轻松，无忧无虑的轻松。

我想，它们是有灵性的，它们不会像人类一样鞠躬敬礼，如果会，它们是会那样做的。高原的生灵，只能以撒欢奔跑，来表示自己的情意。这是藏羚羊的呼叫与眼泪换来的，实际上，是人类自己的呼叫和眼泪换来的。当人类不知道对异类的关注、理解与爱惜，也不会对同类关注、理解与爱惜的时候，将不知其可。互相的提醒，互相的示范，才使得良善返回到良善之上。

我默默地注视着这些自由而欢快的精灵，心同它们一同跳跃。

高原上的光

一

三江源国家公园也是一个文化汇集之地，其不仅有山川地理文化、唐蕃古道文化、康巴文化，还有格萨尔史诗文化。虽然青藏农业地区也流行《格萨尔王传》史诗的说唱，但大都是以书本的形式，而三江源区则是以说唱的形式流传。

人口稀少的三江源地区，长期交通不便、信息不灵，游牧文化自然发达，他们心中的向往和向往中的英雄也就自然形成。你会在河边，在帐篷里，在牧民家中，听到那悠扬嘹亮的格萨尔赞歌。

在草原，《格萨尔王传》是举世无双的英雄史诗，是人与自然和谐相处的礼赞，是藏族人民的食粮，是他们的牦牛、羊群和骏马，是他们的碧海、蓝天和草场。在这里会感到一种文化的力量，让你感到格萨尔无时不在、无处不在。

《格萨尔王传》说唱艺人的游吟说唱，像格桑花一样悠然飘香。行走在这片神域，你会常常被那种来自于民间的歌唱所迷醉。在格萨尔艺人中，有一群特殊的人物，人们称他们为“仲巴”。有着非凡记忆力和想象力的仲巴，能够一连演唱几天几夜甚至几个月的《格萨尔王传》。比如，拉布东周能说唱103部，索南闹布能说唱189部， 而才仁索南竟然能说唱324部。这些艺人的说唱曲目和内容，有“英雄诞生传”“印度赐法”“吐蕃传佛”“地狱救妻”等。每个歌手的气质、内修和精神已经贯穿在了他那无尽的梦幻与想象之中。这就让你感觉，莫非有一种远古的气息漫涌，或者说是天传神授？

在不同的场合，我聆听了不同的说唱艺人的演唱。他们手捧白色或黄色的哈达，情态端详，目光沉静，神驰的思绪鹰一般越过雪山，在辽远的苍穹翱翔。不，也许是让魂灵进入了一个梦境，一个只有他们自己能够驰骋的梦境。

我们去黄河源头的路上，在哥拉杂加神山脚下，青梅让丁和达杰就演唱了《格萨尔王传》的片段，歌唱的内容，是格萨尔在哥拉杂加神山下赛马的情景。这山是昆仑山的余脉，很多民间传说同它有关。他们两位都是格萨尔民歌艺人，演唱的时候，他们穿上了正式的民族服装，舒展的歌喉有一种庄严神圣的意味。

到了黄河的源头，两位艺人身穿红色藏族礼服，手捧洁白的哈达，又唱格萨尔王的煨桑

（三江源国家公园管理局供图）

敬语，再唱格萨尔王赛马的诗篇。沉郁宽厚的声音，在约古宗列分外感到一种神圣。我静静地听着，感觉他们不是在演唱，而是在诉说，在表白。

我似乎有所明白，在这样的山水中，出现什么境界都不足为奇。我听不懂他们唱的什么，但我又似是听懂了，听得一清二楚。那是格萨尔王神奇的力量吗？往往在这时，你会沉迷其中，让心中的诗无限度地飘。

二

《格萨尔王传》史诗中，有一个尼恰河谷，这个河谷就在治多。河谷中有一片辽阔美丽的大草原，那就是被人称为十全福地的嘎嘉洛草原。草原上有当时盛极一时的嘎嘉洛部落，部落里诞生过一位千古传扬的美人，她就是部落公主、格萨尔王的妻子珠姆。

我一来就听到了珠姆的名字，见到与这个名字有关的各种提示。这里有关于珠姆和格萨尔王的传说和遗址，有红宫，有珠姆的寄魂湖、珠姆的马圈等。在这里问起来，每个人都能绘声绘色地给你讲上一天，而且他们讲的时候，目光中有一种十分虔敬的感觉，这种感觉会传递给你，让你相信一切均为真实。

嘎嘉洛文化即是以长江上游游牧区为核心，以当时盛极一时的嘉洛部落首创并延续至今。那么，在这片嘎嘉洛文化盛行的地域，珠姆就成了文化意义上和地理意义上的标志。

治多人自称是嘎嘉洛氏族的后裔，《格萨尔王传》史诗的说唱在这里极为兴盛，在治多的草原上，到处都能听到演唱的歌声，这是青藏高原藏族游牧文化的经典。

在他们的演唱中，不能不涉及格萨尔大婚，涉及千古传扬的美人珠姆这位部落公主、格萨尔王的妻子，对嘎嘉洛文化的发展有着深远的影响力。在藏语里，“珠”是威震天下的青龙，“姆”是阴柔之美的女性，所以珠姆在整个藏区也就成为端肃、聪慧、俊美的化身，成为神美女子的代名。

三

赛马会上，那么多的骏马在湖边撒开踊跃而欢快的四蹄，泥土在蹄子后面开花。山在摇晃，水在激荡，草在狂舞，一队队骏马排山倒海般冲过来，骑手身上的红带子云朵般旋飞。

（三江源国家公园管理局供图）

他们一忽在马的这边，一忽又歪向马的那边，嘴上发出嗷嗷的叫声。

而同赛马结合在一起的，还有草原婚礼。洁白的或金黄的帐篷一蓬蓬地扎在赛马场不远的水边草地，亲人、友人参与其间。他们当中，也必有参加赛马的姑娘、小伙。

这让人想到格萨尔王，他就是在赛马夺冠成为当之无愧的一代英雄后，前往嘎嘉洛部落迎娶了珠姆。驰骋在草原上的雄伟和潇洒，是由天而降的带有神奇思想的英武之躯。那是草原人民为之向往、为之庆祝、为之幸福的盛会。他们尽情地欢歌，尽情地跳舞，欢乐的海洋映耀着太阳的光芒。

珠姆到底长的什么样子？没有人能够说得出来，也没有人能够画得出来。我曾在治多剧场观看了演化为舞台艺术的婚礼，这场名震雪域的格萨尔大婚的场面庄严而隆重，实际上是三江源区藏族婚俗的大融合。

由此知道，这里是长江的源头，有着壮观雄伟、浩气长虹的长江第一湾，这里应该是珠姆的故乡。因为女人是水做的，长江的源头，也是漂亮女人的源头。而这一切，都连着英雄格萨尔王。

自 由 天 堂

一

还是要说到鹰，当我仰望高空的时候，总是能看到它的形象。有时是两只，那盘旋的姿势像冰上的双人滑。我看到的似乎是它们的倒影。它们一忽左旋，一忽右旋，一忽翻身急转，一忽直立上扬。我不停地随着它们的舞步调整着聚光点，就好像有一条线，风筝样的线，牵动着我的目光。更多的时候看到的是独只单划。这增加了它的孤独感，但同时也增加了它的英武感。单只出来的鹰，带有着更多的责任与担当，而不独为自己果腹。

鹰是天空的王者。当它飞翔的时候，你是看不到其他鸟类的。鹰在空中有识别气流的本领，有研究人员用摄像头绑在鹰的身上观察过，一只鹰可以不间歇飞翔好几个小时，飞行距离长达160公里，在至少5小时之内，它没有拍打过一次翅膀，靠的全是在上升的气流中滑翔。

在高原的藏族群众眼里，高原人对于鹰尊敬有加，他们认为鹰是神圣的，不可冒犯。在天边的索加，见到鹰，那里的牧民会摘下帽子鞠躬致敬；玛多县黄河乡的牧民，常常搭建鹰架和鹰巢；扎陵湖乡的牧民，也常常会解救被网围栏挂住的鹰，并给它们疗伤。

二

除了鹰，我还偶尔见到过乌鸦，如果不是亲历，你绝对不会相信，属于中原的乌鸦，也属于这雪域高原。只是它们都飞不高，不能如鹰那般有超高的舞技和广阔的视野。它们只是短距离飞行，超低处觅食。与中原恰好相反，这里的鹰是多见的，乌鸦反而少见。如此让牧民有了一个说法，能够见到乌鸦与背水的姑娘，是一种幸运，可以为你带来吉祥。

从治多去长江第一湾的途中，在我们的车子左边，就见有一只乌鸦，当时正在落雪，粗大的雪粒弥漫了视野，整个山原一片洁白，几乎成为一个平面。这是极其危险的，只能找到山间皱褶，才能知道那里是一条道路。就在这样恶劣的环境下，还有鹰在旋舞。幸亏有鹰，让我辨出天空与山原的存在。

我们的车子好不容易从高高的五千米雪

（三江源国家公园管理局供图）

山盘下来，紧绷的神经尚未放松，便看到左前方的乌鸦。开始并不知道是一只什么鸟，它的颜色与雪形成了反差，才会赫然入眼。开车的朋友说那是一只乌鸦，我们竟然惊叫起来。这里怎么会有乌鸦？且多么不吉利！

朋友说在藏区，遇到乌鸦是一件吉祥的事。我们又舒心地笑了。后来，我们便看到了神奇的长江第一湾，那是长江的初始阶段也即通天河的一次折返。经过一路闯关夺隘，通天河走到这里已经是气势夺天，却没有想到会遇到一片巨峰挡路，一次次地冲撞也无济于事，只好转头回返，再寻路径。这一回返，即回返出一道世界奇观。平时，这里烟云密布，阴雨绵绵，将第一湾隐藏得无以得见。可能我们遇到了乌鸦，刚才还是雨雪霏霏，到了这里却万里晴空，将一湾江水，一览无遗地展现在奇峰怪峡间。

下山的时候，我们又看到了背水的姑娘，朋友说这又是我们的吉祥。那姑娘在一座白色的藏包前。

三

三江源国家公园所属区域，是我国最为珍贵的自然遗产之一。基于海拔高、空气稀薄等原因，这里的人口密度相对较低，也就拥有相对健康的野生动物种群，因而也就成为了野生动物的天堂。这里有国家一级重点保护动物雪豹、藏羚、野牦牛、白唇鹿、马麝、金钱豹、黑颈鹤和金雕等。而雪豹与狼、棕熊还属于这一区域的顶级食肉动物。

它们不仅是荒野的象征，还是健康生态系统的维持者。

最珍贵的当属雪豹。雪豹是健康山地生态系统的指示器，是世界上最高海拔生命的显著象征。雪豹代表着文化观念、现实和想象的综合体。人们将各种传说与诗歌送给了雪豹，它的神秘之美，始终在这片雪域悄然飞升。由于人类的捕杀，世界上雪豹数量极少，青海也就是千余只。孤寂的雪豹，已经被列入《IUCN世界濒危动物红皮书》。

杂多县的昂赛乡是著名的雪豹之乡，那里是雪豹出没的重要区域。尽管雪豹分布区内的农牧民相对稀少，但是他们所依赖的牲畜还是会时常遭受雪豹的袭扰。听广播说一个牧民听到藏獒的狂吼，发现藏獒扑向了南坡草场，他拿出望远镜，看到雪豹咬住了一头小牛，藏獒向雪豹扑去，雪豹放开小牛，却将藏獒咬伤了。因此，尽管雪豹在各国都受到法律保护，而猎杀依然不止。如何科学保护雪豹、平衡保护与人类发展的矛盾，是我们面临的根本挑战。

没有见过雪豹的身影，打得过藏獒的雪豹，必然身手了得。牧民们说雪豹是十分精明的动物，它常常会在突出的地方标记气味，这些标记会吸引其他食肉动物。狼、棕熊、猞猁、狐狸都在与雪豹竞争猎物资源，它们一方面躲避雪豹的伤害，一方面依赖雪豹的残羹剩饭。

在大雪纷飞的严冬时节，雪豹有时也会发生饥荒，为了果腹，不惜冒险。我曾在

（三江源国家公园管理局供图）

哪里看到过一个镜头，一只雪豹可能是饿极了，为了捕获一只岩羊，借着雪和岩石的掩护，一点点匍匐向前，渐渐接近了岩羊。

岩羊是十分灵巧的动物，之所以称为岩羊，就是它们有着很好的攀岩能力。当雪豹发起攻击的一刹那，岩羊也跳起来在悬崖上飞跑。眼看前面有一个山涧，岩羊竟然悬空而起，朝着山涧对面跳去。与此同时，雪豹也飞身一跃，朝着岩羊奋力一扑。就在雪豹与岩羊接触的刹那，雪豹和岩羊都从山崖上滚落。那可是万丈峭壁，就像崩塌的石头，雪豹和岩羊高高地落下，落到石崖上弹起再落，落下再弹起，直到翻滚到万丈深的谷底。

在这样的地方，生存是第一性的，能够生存下来，都是高原之子。在这个所有生命同生共存的自由之域，只能尊崇优胜劣汰的自然法则。

四

我们还遇到过狼。就在道路的不远处，那条路实在是有点烂，说到底，不能算是一条正常的路，因为利用它的人实在太少。走行中，看到前面有座桥，却是不能直接开上去。路与桥之间出现了一个台阶。台阶很高，不知是因为路的陷落，还是桥的升高，反正连大马力的越野车也不敢硬闯，一旦上歪，就有掉下去的危险。大家下来，几个人用铁锨施工。就两把铁锨，全用在了正地方。后面等待的人，就发现了这只狼。

比狗要大些的狼，它两耳直立，收着

（视觉中国供图）

尾巴，头部和背部竖起长长的毛尖，它的灰黄色的皮毛很好，说明它有着很好的食物来源，胃口也不错。这里是半戈壁状态，到处都是坚硬的细碎的石头渣滓。野狼真的扑过来，能够用于与之搏斗的武器有限。关键时刻，只有以最快的速度拉开车门钻进去。

直到我们的车子开动，这只狼仍然立在那里，它的坚定让人有些心虚。不知道它哪来的底气。有人说，实际上，是狼在心虚，你不走，它也不敢走，它怕你突然袭击它。动物遇到危险，最好的保护就是面对，只有面对，才能让对方不了解对手到底有几斤几两，而一旦撒腿跑掉，就给了对手一个信心。

哦，这么说，狼这种在荒原上千锤百炼的生灵，一定是深谙此道。狼是善于奔跑的兽类，而且耐力强，常会采用穷追的方式，将猎物累趴下而取得胜利。听说狼和人类一样热爱家庭，喜欢成群结队地生活在一起，相互帮助，共担风险，同享快乐。因为那片荒原实在是辽阔得很，远远的目光所及之地，看不到第二个它的同类，也看不到其他的生物。

回过头，就感觉那只狼的可怜了。

还在一架山梁上看到过一群狼。那是我们发现野山羊的时候。那是一群的野山羊，它们正在山梁上盘桓，或上或下，跟着头羊不知所措。

狼在围堵它们。狼并不往前凑，只是在它们的右前方堵住它们的去路，而左边是高峰。看来这群野山羊要遭遇不测，对于我们来说，也是无能为力。一是离得太远，它们都在海拔6000米以上的山梁，而且还是雪山。二是我们肯定也不是群狼的对手，即使驱散了它们，也不能把那群羊救回家，还是要被群狼盯上。

五

还看到过一只不大的动物，它在我们的左侧，跑跑停停，并且不时地扭过头来看我们。我将镜头拉近，镜头里竟然出现了从没有见过的面目，真的，在动物园里也没有见过这么美丽的生灵。文扎说是一只狐狸。它扭头看过来的时候，有一种魅惑的目光，噘着小嘴，塌着细腰，翘着尾巴。

在一个无法预知的环境，这只野狐正经

历着风雪的洗礼，它显得有些落寞，又有些孤傲，也许是为了自身，也许是为了幼崽，而承风受寒，说不定还将承受暗夜。

那天早上起来，漫天一片洁白。不知道头天晚上怎么就下了一场大雪。爬出帐篷不久，就看到了绒绒绿草间有什么东西在弹动。轻轻走上前去，竟然是一只只跳动的小老鼠，或是小兔子。后来我知道了，它们叫兔鼠。

在我们经历旅途的艰难，无奈而扎帐篷的这片荒原，兔鼠一定没有怎么见过人，但是它们的防范意识很强，或者说胆小。我想离它近一些，悄悄挪动着步子，我能够看清它长长的胡须，还有黄茸茸的皮毛，当它仰头看我的时候，它的两颗门牙正由于嘴唇的蠕动而凸露出来，很是娇憨，一根青草在嘴角一点点地被小白牙嚼进肚里，而后就再将头低下去。在我又往前挪动一点儿后，发现不知从哪里跳出来另一只兔鼠，说了一句什么似的，就将那只吃草的小兔鼠给带跑了，而且跑得十分迅疾。

我走过去仔细地观察，发现就在兔鼠刚才待的地方，有一个鼠洞，兔鼠之所以不大害怕我，可能是它有最后的防御体系。我发现这种洞口脚下到处都是，在高高低低的土疙瘩之间，有的在两块疙瘩的凹处，有的在一块疙瘩的上部，还有的在疙瘩的旁边，那简直就是“地道战”的微缩版。不仔细看，真不能认定那就是洞口，因为多被绿草遮掩。

这些小生灵，为了生存，看来也是在实

践中找出了自己的防范门道。它们一定不是为了防范人类，而是防范它们的天敌。

那么，兔鼠的天敌是什么？是鹰。鹰一类的猛禽保持到一定数量，兔鼠的数目就会被限制在较小范围，不会对草场形成严重的危害。兔鼠是草原的第一杀手，一只兔鼠可以破坏0.5至0.7平方米的草原。它不仅挖洞，而且还将挖出的土堆积在洞口，这使得草无法生长。一片土地缺乏了植被的保护，经过暴雨的冲刷，就会沟槽纵横，水土流失，也就加重了草场的沙化和退化。所以，对鹰的保护十分重要。

六

在澜沧江源头，一群藏野驴出现在我的视野中。以后的几天里，藏野驴的形象还会经常地出现。它们总是一群群地跑过，一般都是七八头。

藏野驴的形象比想象的要好，也可以说比中原所见的驴要好。它们有着健壮的体魄，皮毛光滑，跑起来不算很快，但是浑身散发着一种强劲的英气。一身的白，却用棕红色勾勒出好看的线条，像穿着一件时髦的制服。

是的，它们有点像草原的绅士，走起来四平八稳，跑起来也不失身份，见到生人也是不慌不忙地走开。

索加乡当曲村的牧民尕玛放牧时，发现一匹藏野驴在冰窟中挣扎，野驴的脖子因挣扎而磨破，斑斑血迹撒在冰面上。尕玛一个人拉不动，便用对讲机呼叫周边牧民。几个牧民将藏野驴救上来时，它的四肢都已冻僵。牧民取来毛毯盖在藏野驴身上帮它取暖，尕玛又把它拉到家中细心照看。三天后，藏野驴辞别了好心的牧民，奔跑在哲塘错卡草原上。

七

在草原上，看到的最多的物种就是藏牦牛，藏牦牛同牧民有着深切的关系。在整个高原史上，牦牛的驯化与放养，成为游牧民族生活的一部分，亦成为青藏文明的一部分。直到今天，人们在藏区看到的牧民生活，都与牦牛有着息息相关的联系。他们发明的牛毛帐篷，是抵御冰雪严寒的最好居所；牦牛的乳汁及其制品、牦牛的肉食，成为牧民主要的食品；牦牛无毒无味的粪便，是牧民永远可持续利用的燃料。我在牧民的土掌房前，看到一整面的墙

（三江源国家公园管理局供图）

（视觉中国供图）

壁粘晒牦牛粪。牧民说起来，牦牛粪比煤都好，煤还要花钱，还有二氧化碳，不利于在封闭的帐篷里使用。

多少年里，牦牛都是藏区的“高原之舟”，有了牦牛，牧民们可以迁徙到很远，并且把生意做到很远。牦牛真的就如水和空气，是藏民的一种生命渊源。即使是严寒季节，他们也要到很远的草场放牧。遇到冰雪灾害，他们会在狂风暴雪中将牦牛聚拢在帐篷前。

也会不断地见到野牦牛，它们比牦牛更加自由和奔放，它们甚至会同牦牛生出小牦牛，而牧民也不排斥，认为它们的后代更健壮，有利于物种的繁盛。

同样披着厚大氅并且能够与牦牛同享快乐的，还有白云般的高原羊。黑色的牦牛有些像绅士，而羊们则像白衣少女。

这些生灵有时候还有些顽皮，过路的时候，它们显得毫不在乎，让你的车子等好长时间，才不慌不忙地走下路面，从草原的这边翻到那边去。

在海拔5000米的巴颜喀拉山和唐古拉山，依然散布着这些黑的或白色的牛羊。海拔的高度并没有影响它们的生存。

看着成片成片地散落在广袤草原上的牛羊，我闹不清它们该什么时候回家。我曾见过一头牦牛或一只绵羊在前边带着，其余的跟在后面，一直地往前走，它们会走向哪里，不知道。一座又一座大山在它们的周围，绿草就是它们的家园。

不 是 人 间 富 贵 花

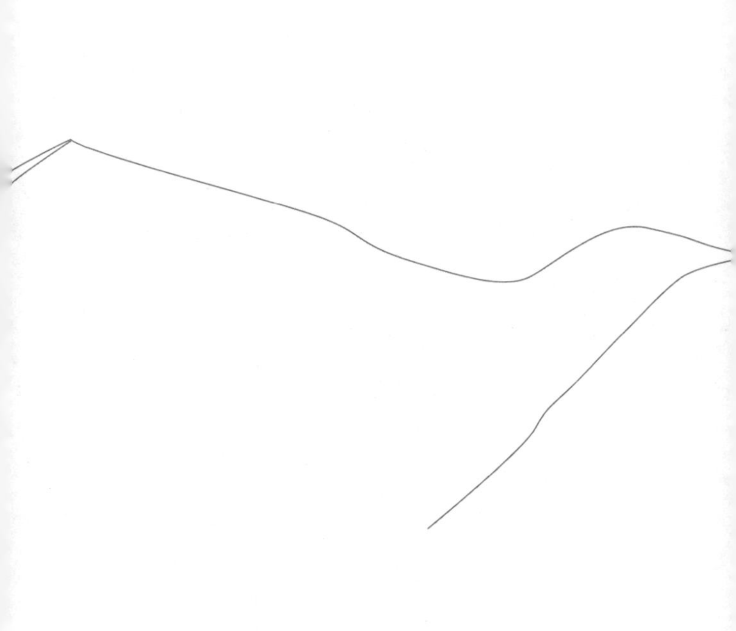

不是
人间富贵花 V

一

我这里指的不是雪花，但是是与雪可以同生共长的花，这就是高原花。你手摸上去的感觉，同触到雪花一样，都是冷凝的感觉。它们真的不能算是富贵花，它们置身于高原，受风耐寒，无人怜、无人赏。当然，它们也不需要谁的爱怜，它们只是自顾自地雪中生、雪中长，而后雪中亡。

然而，它们装点了这片雪域。当你的脚步悄然踏入，会有一个惊艳等着你，会有一个道理等着你，会有一篇《兰亭序》、一篇《道德经》、一篇《庄子》等着你。

一路上不断地有惊喜。雪域冰峰的惊喜，江河水流的惊喜，辽阔草原的惊喜，辉煌庙宇的惊喜，还有就是发现各种花草的惊喜。

三江源国家公园，成为生物物种留存的“神佑之地”，这里的自然生态系统保存基本完整，被誉为“高寒生物自然种质资源库”。这里能叫上名字的植物，如紫花针茅、固沙草、西藏蒿、垫状驼绒藜、小蒿草等，就有八百多种。它们无不挥洒着生命的激情，演奏着生命的华章。

二

见得最多是格桑花。格桑花也叫格桑梅朵，在藏语中，格桑是幸福的意思，梅朵是花的意思。

藏族有一个美丽的传说：不管是谁，只要找到了八瓣格桑花，就找到了幸福。格桑花是生长在高原上的普通的花，你随时都能看到她的芳姿。她的花瓣并不大，细细的茎秆挺立着，看上去弱不禁风。实际上她十分耐风沙，抗日晒，受严寒。而且随着季节的变幻，花的颜色也会发生变化。美丽的格桑花，同绿草一起生长，点缀着高原。

还有杜鹃花、龙胆花和报春花，由于它们花形独特，颜色艳丽，又生活在环境恶劣的高原地区，是世界公认的高山三大名花。青藏高原，是世界上杜鹃花种类最丰富的地区。

车子的走行中，不定在哪个雪山垭口会看到那些团团簇簇、热情绽放的红色或蓝色的花儿。矮小的龙胆喜欢躲在不起眼的地方，它的花是蓝色的，花球却是紫色的，可能只是属于此花的一种。龙胆花分布很广，

（三江源国家公园管理局供图）

很多地方都能见到这种蓝色的小花。朋友说龙胆也是常用的藏药原料，而且龙胆草比较好认，它们大都是紫色或蓝色的。高原上的花蓝色偏多，这同强烈的日照分不开，由于反射强烈的紫外线，高原上的植物大多偏爱蓝色。

报春花在中原很多见，没有想到在这高寒地带也生长有报春花。

这里的春天是十分短暂的，或者说根本就不明显，而那些报春花还是要开放，让你相信，这里的天地，也可以有春天那样的烂漫。它们有红色、蓝色和黄色等多种色彩，而且都很鲜艳，凸显着自己那个个性的名字。

在嘎嘉洛草原，开得最多的是水晶晶花，朋友说它们也是报春花。粉红色的花朵娇小可爱，呈簇状地长在纤嫩的花茎上。人们喜欢这些娇小而美丽的花朵，常用它们来形容草原上含羞的少女。

有一种说法，如果将绿绒蒿也列入名花之列，那么，从欣赏和生态分布的角度来排列高原上的四大花卉，便是龙胆、报春、绿绒蒿和杜鹃。有一种多刺绿绒蒿，茎上生着黄褐色或淡黄色的刺。在我来的这个时节，正是绿绒蒿开花的时候，它虽然叫绿绒蒿，却是开着蓝紫色或深蓝色的花。那种蓝在阳光下格外亮眼，那么干净、纯粹，不染纤尘，似乎它生出来，就是在以这种耀眼的蓝来向高峰挑战。

一棵多刺绿绒蒿，就像一束扎花，很有艺术特色。蓝色花在四围，中间是深蓝的花球，且都长着毛茸茸的花刺，显出无比的奇特，在海拔五千多米的地方都能见到它的芳容。当地人说，这种花，还具有消炎止痛作用，草原牧民有个头痛脑热，或遇到外伤骨折，都可以用它帮忙。我看着这一株株摇曳在寒风中的蓝，长久地不愿离开。

绿绒蒿是一个家族吧，还有五脉绿绒蒿、总状绿绒蒿、红花绿绒蒿，长得姿态各异，开的花也不同。比如，五脉绿绒蒿，花是蓝色的，且垂挂着，花口向下，谁要是按照它的形态原样照搬成一个台灯，那将是十分独特的。街灯也可以呀。

虽然绿绒蒿种类不同，但是都有一个共同的特点，就是具有排毒疗伤作用。当地藏民根据多年试用的生活经验，用它们治疗跌打损伤，或内科、妇科疾病。如果一个山谷中生长有茂盛的绿绒蒿，那么从山谷中流出的溪水也会被认为可以治病，当地藏民就会去那里打水。藏族人对不同的绿绒蒿有不同的叫法，由于他们喜欢这种奇特的植物，它们也就有了不同的爱称，分别有狮子、老虎和金翅鸟等，因为这些动物都代表着吉祥。

三

在可可西里山，竟然盛开着一朵朵白色的雪莲。它们就长在白雪中间，有些被白雪覆盖了半边，不仔细看，看不到它们寂寞的身影。但是它们还是要绽放，为这山这雪这生命的种子。

在巴颜喀拉山，我竟然发现一种披挂着

长绒大衣的高山雪莲，那么长的一串雪绒，让人想起西方油画中的贵妇人。那些贵妇人冬天会躲在暖洋洋的宫殿中，雪莲却是昂立于皑皑白雪上。据说这种白绒大衣，既能防寒又能保湿，还能反射高原上强烈的阳光辐射。雪莲是藏药的主要原料，在冰雪严寒中，雪莲生长极为缓慢，至少要有四到五年的时间，才能开花结果。因而，雪莲代表着纯净与自然，被高原人视为不怕风雪的圣者。

还有一种叫雪的花，就是大名鼎鼎的雪绒花。它的花是白色的，不注意会以为是它的枝叶。它的另一个名字叫火绒草，是藏药藏香的原料。更为奇特的，它还能作酥油灯的灯芯。高原人将它的花绒拧成条，使它开成藏文化中的神圣之花。它不是雪域富贵花，却是雪域高贵花，因为它只有在纯净的地方才能生长。

四

雪莲、红景天和塔黄，并列为青藏高原的“吉祥三宝”。

我一路上都在以红景天抵御高原反应。有时候是心理作用，只要喝下这种口服液，就觉得浑身充满了力量。但是当我看到这种小花的时候，还真的惊讶了半天。这真的是一种小花，不像我想象的是一种高大的植物。它的花像满天星那样，让人欢喜。

起先，我并没有认识到它就是红景天，因为当地的藏民发出的音是嘎都露尔。看着这好看的一堆红花球，你觉得就像那个嘎嘟嘟的称呼。它的补气清肺、益智养心的作用是公认的，尤其是能缓解高原反应。所以，我们一旦知道这就是红景天时，都像见到久别重逢的老友一般，围着它高兴。

塔黄确实像一座塔，高高的，尖尖的，垂直向天。我看到的这一种不是黄的，而是白的，玉白色，甚至透明的白。

塔黄的叶子是绿的，叶子在根部，捧着一枝独秀的塔身，好庄重，好矜持。塔黄一生只开一次花，结果之后生命也就结束了。但是它能在冰雪中存活七年。在未开花之前，它朴素得如同一棵不起眼的白菜，匍匐在流石滩上，暗暗地与严寒和风雪较劲。尽管在风雪中，有些叶子会枯死，但埋在地下的主根却依然发挥着作用。就这样，在生长期和休眠期不断交替的过程中，塔黄渐渐地长大成熟。

这也是它生命的最后一年，这一年它从一个丑小鸭突然就变成了一个仙界的白天鹅——那便是从莲座样的底部，升起了一根塔般的玉柱。这玉柱最高能达到两米，在一片荒凉的山地间，你远远地就能看到那凸起于乱石的奇观。阳光中看它，感到那塔柱又是黄色的，这或许是“塔黄”一名的由来。你不忍到跟前细看，更不忍伸手去摸，你就那么不远不近地看着，看着这尤物，它怎么能生长得如此奇异，如此出类拔萃！

在一片灰色植物中，它真的公主一般亭亭玉立，俯视群雄。

（三江源国家公园管理局供图）

五

一根茎秆上，上上下下开着一些白色的小花。每一株小花都是一个鸭头形状，而且还有眼睛，有尖尖的喙。看着的时候，就觉得是一群刚出生的小鸭子，争先恐后地伸头伸脑，挤在一起看热闹。

这里会有什么热闹呢？这里只有光秃秃的山崖，只有冰雪，只有无边无际的荒凉。问了当地人，听了半天也没有弄明白它叫什么，后来查了一下，它的学名叫：蕨叶马先蒿。之所以要加上蕨叶两字，是因为还有其他的马先蒿，开的花并非如此。

马先蒿喜欢抱团绽放，它就像一盏带有灯座的酥油灯，高高的、绒绒的茎秆上，就是酥油灯盘，实际上就是花盘。花开到上边就脱落了，露出粗壮的花根，这花根就像灯芯了。难道藏家的酥油灯的灵感来自这马先蒿？

据说马先蒿种类繁多，光在中国就有几百种，大部分生长在高原地区。它们有着各式各样的花形，各种各样的花色。如果没有谁告诉你，你简直不知道它们同属一个种群。

有一种马先蒿，造型十分独特，它的花朵像一个弯曲的长鼻子。有人说吹起这长鼻子会招来降雨，我试着吹了一下，它真的能发出一种声音。

我问过当地的藏民，能认识多少种马先蒿，他说只能认出十几种。那么，我在昂赛看到的这棵马先蒿，只能算是这个热闹大家族的一员。

六

在巴塘草原，会看到风铃草、铁线莲等植物，它们长着铃铛一样的花朵。花朵下面是一根长长的富有韧性的茎秆。草原的孩子会将这种花举在手上跑来跑去。陪伴中原孩子的大都是木头或铜铁做成的铃铛，而陪伴草原孩童的却是这些自然的花儿。孩子们有时还会将它们别在头上，别出草原上的另一种亲切。

糙果紫堇的花有很多种颜色，有的粉色，有的黄色，有的白色头上顶着一圈紫，有的顶着一圈红，那一串串的小花很是惹人喜爱。而且它的喙基饱含汁液，试着轻轻吸吮一下，竟然有一丝甘甜。陪着我的朋友说，跟着大人放牧的孩子，都知道采摘这种如蜜的花草，那是他们的乐趣，也是他们的甘露。

翼首草是我见过的最独特的一种草，那或许就是它的花吧？银白色，齐刷刷的，一直顺展下来，就像现代女孩整得十分现代的头型。连颜色都充满了现代感。有人会叫她们小萝莉。那么将这棵翼首草发在网上，或许也会成了网红。

还看到一片小菊花，同中原的野菊很像，而且比野菊花盘大，花瓣舒舒展展，像女孩子一丝不苟盘起来的发辫。在这里却不叫菊，而叫紫菀，同样像一个女孩子的名字。

草玉梅开花的时候，有点像两只蝴蝶在展翅。那娇小的花开在高高的茎秆上，周围没有叶片，远远看去，可不就是单单地显出了花

天
边

儿？花儿不大，就像刚从山石间飞出来的小蝴蝶，一前一后地追逐着，在雪山上轻舞。

还有一种满天星似的花，叫雪灵芝。那真的是一片白色的绚烂，让人远远地就惊喜起来。别看它的花朵小，却每一朵都劲嘟嘟、直沙沙，把自己饱满地打开。如果那是一个个小喇叭，每一只都在朝着天空发出嘹亮的声音。

有时你看着大片的无名的绿草，也像是一种花，实际上它们是有打开的，像花一样打开，一根根针刺一样，一片片竹尖一样，还有的肥厚如兔耳，却举着一个独特的形状。

七

圆穗蓼的花是球形的，白色或白中泛红

（视觉中国供图）

的花球高高地擎在茎秆上。风吹过来，简直要摇落了，可它们就是那样开着。

一个个圆穗蓼，就像小孩子举着的棒棒糖，快乐地展示着无拘无束的童年。

有人告诉我，这种花草原人都叫它羊羔花。因为草原人都知道一个传说：很久以前，一只母羊生产后的胎盘落在草地上，不久就变成了洁白的花朵。羊羔花，多么好听啊！它本身那种毛茸茸的感觉就让人喜爱。

草原人说这种花草比较茂盛，它们开花的季节刚好是小羊羔可以跟着妈妈吃草的时候。尤其是这种开得比较早又比较饱满的植物，是小羊羔最容易看到又最爱吃的。这里不是牧场，但我的眼前出现了一群的小绵羊，它们同大片的圆穗蓼融在一起，快乐的叫声此起彼伏。

实际上草原人将蓼属植物都称为羊羔花。我在隆宝滩湿地看到了另一种蓼科植物：冰岛蓼。它紫红色，叶小，花也小，不仔细看，你看不到它的花。一次风雪就可将它掩埋，如果没有太阳的帮忙，它或许就永无出头之日。

据说，它的生长周期十分短，因而长出来就抓紧开花，开过不久就死了。但是并不是就此消失了，而是在等待着下一次时机。

八

垂头菊的名字真的是名副其实。见到它时真的就在那里垂着头，但是垂头并不丧气。

它开得好张扬，好得意，毫不掩饰自己

天
边

（三江源国家公园管理局供图）

的自由。那就是想怎么开，就怎么开，叶片没有一片合拍的，扭着、拧着、垂着，怎么自在怎么来。

黄色的绢毛苣一定也是属于菊科的，因为它也太像菊花了。

只是这菊花像是被谁预定后，被主人捆扎好了的。一朵朵小花如此紧密地挤在一起，没有一丝缝隙。即使有一丝缝隙，也被一朵小花占领了。不是没有地方，因为它们的下面仍然是茎秆。现在这茎秆长长的，光光的，可不就是一束花的捆扎形态？

这样的花并不是太多，它们扎堆地开，所以显眼。哦，这就是高原送给远方客人的心意啊。

九

在叶青山上，竟然发现像雪一般飞扬的东西，有人说是柳絮，听者以为是开玩笑，就笑。可说话的一脸正经，便知道此言不虚。在这片神域，什么稀奇事都会存在。那么柳絮从何而来？

顺着一片山石找去，原来在地上匍匐着一堆乱枝，据说这种植物叫青藏垫柳，属于柳属家族。好生奇怪，仔细看去，十几厘米高的枝子上，遍布着绿绿黄黄的小圆叶。那些白絮就是悬浮在枝叶上的。遇到风，便飘起来，传递爱的信息。

好神奇的柳属家族成员，它们是柳树的变种吗？其实，柳树是一种耐寒植物，它在严寒来临时最晚落叶，在冬季还未过去时最早滋芽。没有想到在这4000多米的高山上，看到了叫作柳的魅影。

后来听说，生长在青藏高原的柳属植物还有墨竹柳、左旋柳等，只是我没有再遇见。

在治多，我还发现有一种矮小而细微的花儿，在杂草丛中绚着自己的色彩。它的名字叫绶草。一朵朵粉红色的小花，螺旋状排在花柱上，就像是围着一条绶带。

苦寒的青藏高原，植物通过有性生殖方式繁衍后代的几率较小。许多植物在进化过程中是通过根、茎、叶，以无性繁殖的方式形成新的植株。有一种蕨麻，很像中原的兔丝草或疙疤草。它的整个植株，都呈网状地平铺在地面上，一点点地节外生根，扩大自己的领地。

那紫红色的根茎，抓地很紧，生出的叶片反而像花，开在紫色根茎的上面。远远看去，红绿一片。

十

澜沧江在高高的山下面，而我们在山上走行。

那是一个缓冲地带，转过山口时，竟然看到一大片无边无际的花海，真的是漫山遍野，差不多是同一种色调。山风吹来，花海翻卷，有时翻成浅黄色，有时翻作粉红色。

我们走下车子，几乎是跑着冲进去，扑倒在花的怀抱中。我们不知道都叫什么花，只能认定我们来到了仙界，来到了天然的婚纱摄影基地。

（三江源国家公园管理局供图）

你看那些花儿，它们肆意地摇曳，欢快地绽放。它们尽情地倾吐，使得这片天地格外地馥郁芬芳。

谁要是在这样的地方来一次浪漫，那可是人生独一份。

在昂赛，也是远远看到了一片美丽，跑到跟前发现是狼毒花。狼毒花是一种有个性的花，外表美丽，汁液有毒，连牛羊都知道对它敬而远之。

但是，你不能不让它开放，并且任性地组成自己的世界。在大片的绿草间，一簇簇释放着激情的狼毒花，使得个性的高原天地异样。

我在杂多一座藏房跟前，看到一种白里泛红的小花。问当地的藏民，藏民说它叫杂怪玛拉，再问它的学名，就不知道了。只是说杂怪玛拉开得较晚，它一开，夏天就结束了，其他的草也不长了。那么，这种花翻译成“夏末”也挺好。

杂多有一种点地梅，似乎是这里的特产。它全身都匍匐在山石上，看上去就是一大捧的花草。这花草是那么的惹人注目，因为它的周身全浸在寒冷的雪中，那雪已经形成冰凌状。

十一

三江源分布有森林、灌丛、草原和草甸。这些地方海拔相对较低，花草也相对茂盛，但是还有雪山与荒漠，有高山流石滩。这样的地方也仍然有稀疏的植被，有坚强的花草生长。它们构成三江源国家公园的独特景观。

紧张而漫长的旅行中，我经常会看到这样那样的高原花，它们开得那般艰难。不，它们开得那般自在，那般鲜活。它们开出了自己的最高境界，开出了雪域高原的最高典范。

不知道它们是本地自带的物种，还是从外地迁徙而来，如果是本地特有，那么该是一次次地挣扎、坚持而存续下来的。如果是外地迁徙而来，它们又是经历了怎样的方式，怎样的行程？是什么风，什么鸟，什么人将它们带入，而不得不留存下来？那也是要经历艰难、死亡与再生的。

总之，这些鲜活的生命走到今天，是非凡的、不可想象的。

我不能全部认识它们，但我会读懂它们，并记下它们：它们是雪域高原的诗篇。

（三江源国家公园管理局供图）

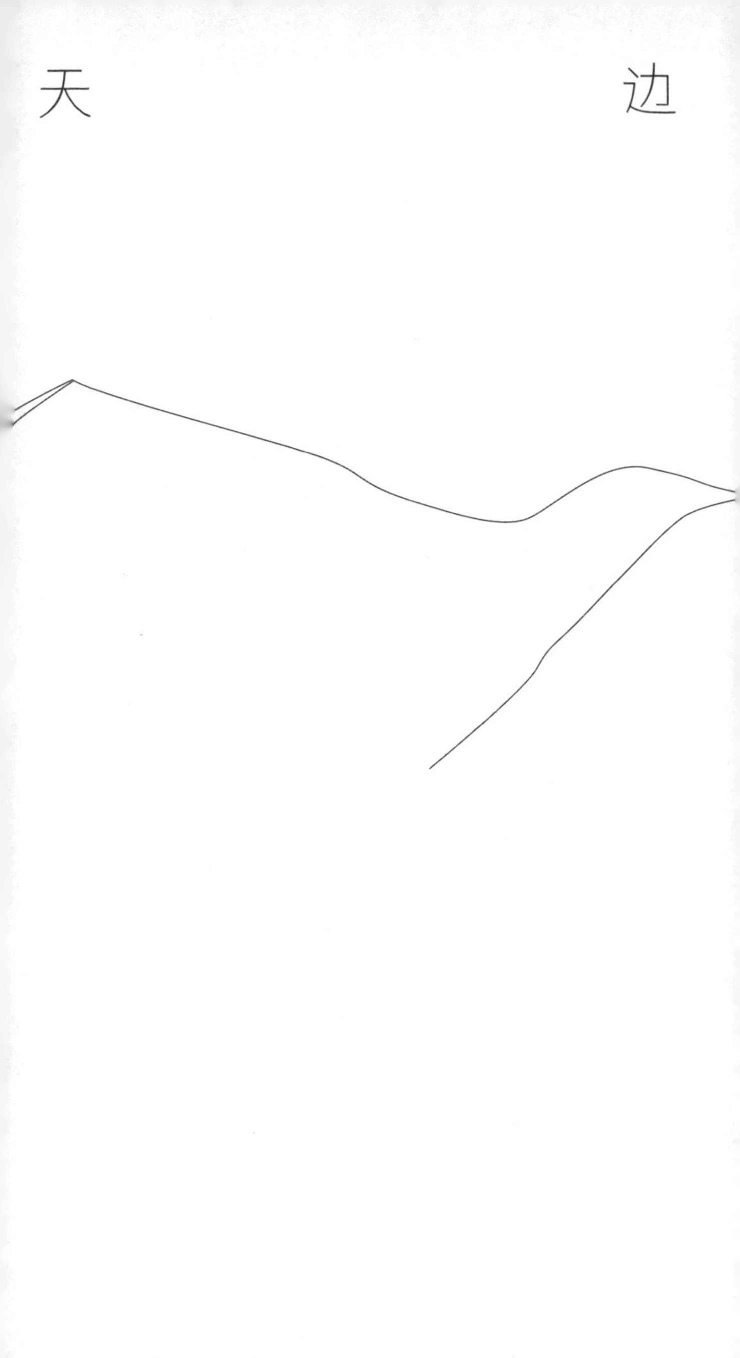
天
边

顽强的鹰还在这片雪域盘旋，而我要离开了。

这些天，我踏访了三江源国家公园的大部分区域，并且到达了黄河、长江、澜沧江的源头。当然，长江源中的沱沱河——当曲流域的大部分，黄河源中的卡日曲、约古宗列曲、扎曲等许多三江源水区并未列入三江源国家公园范围，但对于我更加全面地认知与储存，是相当重要的。

三江源是我国重要的淡水供给地，是我国生物多样性保护优先区之一。

世居三江源的牧民在千年的历史变迁中，创造了独一无二的游牧文化，积累了许多宝贵的精神财富。三江源区不是无人区，而是充满了传奇色彩的文化富集区。源文化就是根文化。三江源的人与自然和谐相处，在长期的生产生活的活动中，摸索出了大自然的规律，并创造出了一种顺应自然的生活方式。

三江源不单单是大江大河之源，还是人类文化、信仰、生命的源头。

这次走过三江源区，我由衷感到，这是多么苍莽宏阔的一个国家公园，它至今仍然处于原始或半原始状态。

在无比广大的荒原中，有时很难找到一条正经的路，那些路每时每刻都会遭到山水的破坏。这对于少数考察者或旅行者而言，实在是无法想象的艰难。

但是正是这样的状态，方显现出三江源国家公园的奇特，显示出建立这个公园的重要。

2020年8月25日始，三江源国家公园澜沧江

（三江源国家公园管理局供图）

源园区，已经全面禁止一切单位或个人随意进入园区，以防止对生态环境造成破坏。澜沧江源园区是澜沧江的发源地，是三江源水系众多支流的发源地，在自然环境保护、生物多样性保护、科学研究等方面具有不可替代的科研和生态价值。

对于三江源国家公园的其他园区，也应该审慎对待。

只有长期保存这样的状态，才能更好地研究三江源这一区域的各种风貌。对于三江源，我们需要认识而不是征服。我们在大自然面前，应该变得越来越谨慎，越来越敬畏。

三江源国家公园，我觉得它是那么亲近，又是那么遥远。是的，它是最难以到达的地方，因而更显得原始，有着很多的未知。那里的人以及其他生灵，同那里的山水一样，有着最本真的纯正度。没有灰尘可以到达这里，没有污染在这里挥发。这里可以盛下所有，包括你的泪眼。也正因如此，才觉得亲近，去一次，还想再去。

我将书名叫做《天边》，包含了所有含义。

大事记

2016年

6月，三江源国家公园管理局**挂牌成立**。

2016年

3月5日，中共中央办公厅、国务院办公厅**印发**《三江源国家公园体制试点方案》。

2019 年

8 月 19 日，习近平总书记致**第一届国家公园论坛**的贺信中写道：生态文明建设对人类文明发展进步具有十分重大的意义。近年来，中国坚持绿水青山就是金山银山的理念，坚持山水林田湖草系统治理，实行了国家公园体制。三江源国家公园就是中国第一个国家公园体制试点。

2018 年

1 月，国家发展改革委**印发**《三江源国家公园总体规划》。

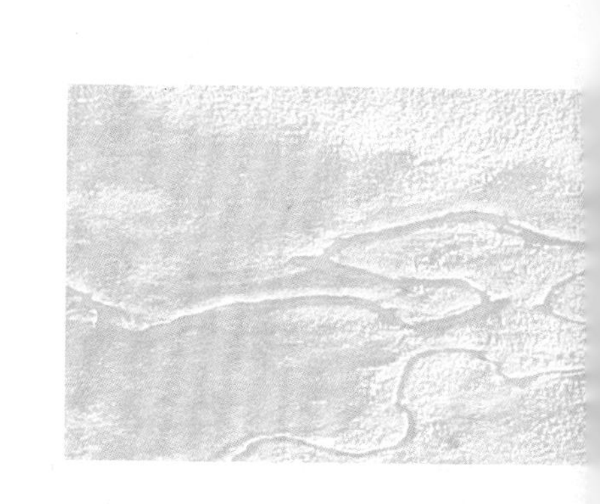

附录

三江源国家公园位于青海南部，地处青藏高原腹地，平均海拔4000米以上，地处地球“第三极”青藏高原腹地，是长江、黄河、澜沧江的发源地，被誉为“中华水塔”，是我国淡水资源的重要补给地，是亚洲、北半球乃至全球气候变化的敏感区和重要启动区，是世界上独一无二的高原湿地系统。主要保护长江、黄河、澜沧江水源区和冰川雪山、草原湿地等高原生态系统，藏羚羊、藏野驴等珍稀野生动物。区域内发育和保持着世界上原始、大面积的高寒生态系统，是全国32个生物多样性优先区之一，野生植物形态以矮小的草本和垫状灌丛为主，高大乔木仅有大果圆柏等。素有“高寒生物自然种质资源库”之称。

有昆仑山主脉及其支脉可可西里山、巴颜喀拉山、唐古拉山等，保存了大面积原真的原始风貌，河流纵横、湖泊星罗棋布，有黄河源“千湖”景观，澜沧江大峡谷，还有古老的原始森林、广袤的草原、满山遍野的珍奇野生动物，构成世界高海拔地区独一无二的自然景观。

三江源地区是中国藏族文化、源头文化的核心区域，拥有丰富多样的文化资源，宗教经典、地方民族史志以及文学作品等传承久远，长篇英雄史诗《格萨尔王传》的流传具有代表性。在试点区发现了数量较多、类型丰富的古遗址、古墓葬、古建筑、岩画等古代文化遗存。

国家公园地处青藏高原高寒草甸区向高寒荒漠区的过渡区，主要植被类型有高寒草原、高寒草甸和高山流石坡植被；高寒荒漠草原分布于园区西部，高寒垫状植被和温性植被有少量镶嵌分布。公园内有雪豹、藏羚、野牦牛、藏野驴、白唇鹿、马麝、金钱豹等7种国家一级保护动物，藏狐、石貂、兔狲、猞猁、藏原羚、岩羊、豹猫、马鹿、盘羊、棕熊等10种国家二级保护动物；鸟类59种，以古北界成分居优势，黑颈鹤、白尾海雕、金雕等3种为国家一级保护动物，大鵟、雕鸮、鸢、兀鹫、纵纹腹小鸮等5种国家二级保护动物；鱼类15种。

感谢三江源国家公园管理局为本书提供图片

图书在版编目（CIP）数据

天边 : 三江源 / 王剑冰著. -- 北京 :
中国林业出版社, 2021.9

ISBN 978-7-5219-1272-2

Ⅰ. ①天… Ⅱ. ①王… Ⅲ. ①国家公园—介绍—
青海Ⅳ. ①S759.992.44

中国版本图书馆CIP数据核字(2021)第145344号

责任编辑　何增明　孙　瑶
装帧设计　刘临川
出版发行　中国林业出版社（100009 北京
　　　　　西城区刘海胡同 7 号）
电　　话　010-83143629

印　　刷　北京博海升彩色印刷有限公司
版　　次　2021 年 9 月第 1 版
印　　次　2021 年 9 月第 1 次
开　　本　787mm × 1092mm　1/32
印　　张　7.25
字　　数　69 千字
定　　价　66.00 元